KB211316

EVENT PLANNING

이벤트 제작 과정의 시작과 완성을 위한

이벤트기획

김영석 저

(주)백산출판사

머리말

무엇이든 처음 시작하는 일은 어렵다. 누군가의 안내가 있다면 얼마나 좋을까? 그런 마음으로 이벤트기획의 정리를 시작하였다.

이벤트가 낯설고 이벤트사업을 어떻게 시작하여야 할지 알려진 바가 부족하던 시기에 이벤트업에 종사하며 어려움을 겪었다. 지금은 정보기술의 발달로 언제 어디서나 필요한 정보를 얻을 수 있지만, 그때에는 조각 정보를 얻기 위해서 수도 없이 발품을 팔며 도서관과 전문가들을 찾아다녔다. 이제는 그런 수고에 많은 애를 쓸 필요가 없다. 대신에 이벤트 제작을 위한 독창적 창의성과 체계적 전문성에 대한 요구가 더욱 커지고 서로 간의 경쟁도 그러한 방향을 향하고 있다.

예술작품을 만들기 위해서는 도구를 잘 다루는 기술이 필요하듯이 이벤트기획에서 독창적 창의성을 발휘하기 위해서는 무엇보다 먼저 전문적인 기술을 익히는 것이 필요하다. 이 글에서 이벤트기획을 위한 모든 기술을 보여줄 수 있으면 좋겠지만, 그렇게 하기에는 능력도 부족하고 각 이벤트 유형마다 독특한 기획의 방법이 있기에 책 한 권에 내용을 다 담기도 어렵다. 다만 여기서는 이벤트기획에서 기본적으로 적용할 수 있는 골격을 제시하고자 노력하였다. 독자의 필요에 따라 살을 붙임으로써 독특한 이벤트기획을 완성할 수 있으리라 희망한다.

이벤트 제작의 현장 경험과 강의 그리고 연구내용을 바탕으로 이 글을 정리하였다. 전체적인 내용구성은 기본적인 개념을 바탕으로 가능한 기획과정에 따라서 정리하고 각 과정에서 필요한 기본적이고 기술적인 내용을 제시하였다. 특히 염두에 둔 것은 이벤트기획의 체계성이다. 그리고 이벤트기획에 도움이 될만한 타 분야의 이론을 접목하고자 노력하였다. 그렇지만 이벤트기획의 체계를 제대로 갖추기 위해서는 독자 여러분의 도움이 무엇보다 절실하기에 좀 더 추가할 내용이나 수정해야 할 부분에 대한 비평과 질책 그리고 격려가 있기를 고대한다.

이 글의 전체 내용을 간단히 소개하면, 각 장은 첫머리에 취지와 작성방향을 제시하고 있다. 제1장은 전체 글의 바탕으로서 이벤트와 기획의 개념에 관해 설명한다. 제2장은 이벤트기획이 왜 필요한지를 효용의 관점에서 확인하고 기본적인 체계를 정리한다. 제3장은 이벤트기획의 시작으로서 기본구상에 대해 살펴본다. 제4장은 이벤트기획을 위한 배경을 살펴보는 환경분석의 장으로 평가기법까지 소개한다. 제5장은 프로젝트 관리를 일정관리 중심으로 설명한다. 제6장은 예산관리의 장으로 기성고의 개념 등을 설명하고 스폰서십으로 마무리한다. 제7장은 조직관리와 이해관계자에 대해 정리한다. 제8장은 이벤트의 프로그램과 연출에 관해 살펴본다. 제9장은 이벤트를 어떻게 마케팅할 것인가에 대해 살펴본다. 마지막으로 제10장은 이벤트 리스크의 관리와 평가에 대해 정리하고 마무리한다.

여러 가지로 부족함이 많은 글이지만 이벤트를 기획하고 제작하는 분들과 배우는 분들 그리고 이벤트산업 발전에 조금이라도 보탬이 되길 희망한다. 끝으로 일일이 호명할 수 없지만, 이 글을 정리할 수 있도록 여러모로 도움을 주신 여러분들과 선학자에게 깊은 감사의 말씀을 드린다. 그리고 출판을 허락하고 좋은 책을 낼 수 있도록 도움을 주신 백산출판사의 여러분들에게도 진심 어린 감사를 드리며, 곁을 지켜준 아내와 아이들 그리고 부모님께 고마운 마음을 전한다.

2021년 2월
퇴촌에서 저자 드림

차 례

10
Chapter

리스크관리와
이벤트 평가

Chapter

01

Event planning

이벤트와 기획

Chapter

01

Event planning

이벤트와 기획

사회의 일상을 채우고 있는 수많은 이벤트의 개최를 위해 다양한 기획과 연출이 이루어지고 있다. 이벤트의 개최를 위해서 필수적인 과정인 이벤트기획의 개념을 이해하기 위해서는 이벤트가 무엇인지를 먼저 정의할 필요가 있다. 그 뜻을 바탕으로 기획의 개념과 특징을 살펴보고 '이벤트는 왜 기획이 필요한가?'에 답한다. 그리고 끝으로 이벤트기획을 수행하는 사람은 어떤 자질이 필요한지도 소개한다.

1. 이벤트의 개념과 분류

1) 이벤트의 개념

event
e(out)+venire(come)
라틴어 어원은 '밖으로' '(어떤 무엇을 향하여) 간'이라는 두 어원이 합하여 '드러난, 발생 결과의 의미가 나타난다.[1]

우리가 다루고 있는 사회적 현상으로서 이벤트(event)는 사전에서 정의하는 '사회적으로 문제를 일으키거나 주목을 받을 만한 뜻밖의 일'이라는 '사건'의 뜻만으로는 다 설명할 수 없다. 영어에서 이벤트는 특별한(special) 또는 계획한(planned)이라는 수식어를 사용하여 special event 또는 planned event로 쓰기도 하는데, 이는 우연히 발생한 사건(event)과 구별하여 '특정한 경험이나 의도'를 표현하는 것으로 볼 수 있다. 국어사전에서는 이벤트를 '여러 경기로 구성된 스포츠경기에서, 각각의 경기를 이르는 말' 또는 '불특정의 사람들을 모아 놓고 개최하는 잔치'로 정의하고 있다.[2]

영어의 어원에서 event는 결과나 성과를 의미하는 단어이므로 발생한 이후에만 이벤트가 발생했음을 아는 경우이다. 그렇지만 우리가 다루는 이벤트는 특별한 경험을 통해 특정한 결과나 성과를 얻고자 하는 의도를 포함한다. 따라서 이벤트의 발생 여부를 사전에 알 수 있고 미리 준비한다는 것도 알 수 있다. 물론 이벤트에 참가하는 모든 사람이 그 개최 여부나 세부적인 계획내용을 사전에 알고 있는 것은 아니지만, 최소한 개최자는 개최내용과 목적하는 결과를 미리 결정하여 준비한다.

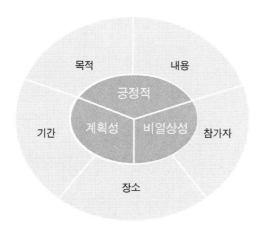

〈그림 1-1〉 이벤트의 특성과 구성요소

〈그림 1-1〉은 이벤트를 이루는 핵심적인 특성과 구성요소를 보여주고 있다. 이벤트의 핵심적인 특성 3가지는 첫째, 개최자의 의도에 따라 미리 준비하는 계획성, 둘째, 참가자에 대한 바람직한 영향으로서의 긍정성, 셋째, 특별한 사건으로서의 비일상성이다. 그리고 이벤트의 개최를 구성하기 위한 5요소에는 개최자의 의도를 나타내는 목적, 각 이벤트만의 고유하고 독특한 내용, 이벤트에 참가하고 함께 체험하는 참가자, 이벤트를 개최하는 특정한 장소와 시설, 그리고 준비한 이벤트가 열리고 닫히는 기간을 포함한다.[3]

따라서 이벤트는 개최자가 긍정적인 고유의 목적을 달성하기 위하여 계획한 독특하고 비일상적인 사회문화적 체험내용을 참가자가 정해진 장소와 시간을 배경으로 함께 체험하고 누리는 활동이나 현상이라고 할 수 있다. 간단하게 정의하면 이벤트는 긍정적 목적을 달성하기 위하여 계획한 내용을 참가자가 비일상적으로 함께 체험하는 활동이다.

2) 이벤트의 체험

살펴본 바와 같이 주요한 사회문화적 현상인 이벤트의 체험은 사람들에게 익숙한 현재 삶과 낯선 새로운 삶을 연결하는 체험몰입의 시공간으로서의 특별한 영향력을 행사한다. Getz & Page(2016)가 제시하고 있는 이벤트 체험에 대한 설명모형에[4] Schmitt(1999)의 체험마케팅 개념을 적용하여 그림으로 표시하면 다음의 〈그림 1-2〉와 같다.[5]

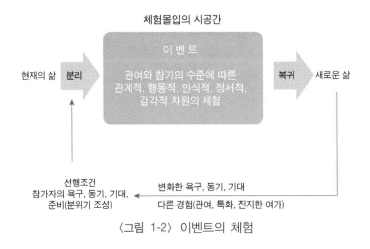

〈그림 1-2〉 이벤트의 체험

Getz & Page(2016)에 따르면 개인은 사회 속에서 다양한 욕구와 나름의 동기 그리고 기대를 안고 이벤트로 향한다. 이벤트 참가자는 주최자가 계획한 몰입의 시공간인 이벤트에 참가함으로서 현재의 삶으로부터 분리되고 각자의 관여 수준과 참가의 적극성 수준에 따라 이벤트를 체험한다.[6]

그리고 〈그림 1-3〉에서 보여주는 Schmitt(1999)의 체험모듈을 적용하면 참가자는 이벤트를 개최하는 곳에서 감각적, 정서적, 인지적, 행동적, 관계적 차원의 체험을 한다.[7] 이러한 체험은 이벤트의 유형에 따라 강조점이 달라진다. 예를 들어 회의이벤트는 정보취득의 인지적 차원과 사교적인 관계적 차원의 중요도가 높아질 수 있고 공연이벤트의 경우는 감각적, 정서적, 행동적 차원의 중요도가 높아질 수 있다. 이러한 참가자의 5가지 차원

의 체험은 최고조 체험인 체험몰입을 통하여 욕구충족에 다다르고 완전한
변화로서의 전도체험(transforming experience)으로 이어진다.

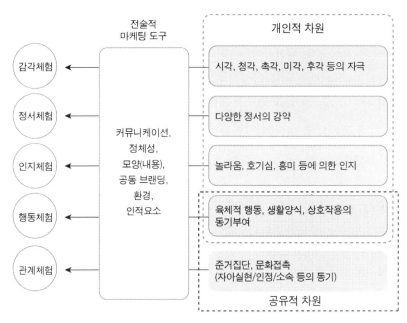

〈그림 1-3〉 체험마케팅의 전략적 체험모듈[8]

　　Hover & van Mierlo(2006)에 따르면 이벤트 체험을 통한 변화를 3가지로
수준으로 설명할 수 있다.[9] 첫 번째 수준은 기저체험(basal experience)으로
자극에 대한 감각적, 정서적 반응으로서 오래 기억되지 않으며 체험 여부
정도를 기억할 수 있는 수준이라고 할 수 있다. 두 번째는 기억체험
(memorable experience)으로 나중에 감각적, 정서적으로 체험의 내용을 회
상하고 나눌 수 있는 수준의 체험이라고 할 수 있다. 끝으로 전도체험
(transforming experience)은 태도와 행동의 변화를 가져오는 지속성을 지니
는 체험이라고 할 수 있다.

　　이러한 체험을 통한 변화의 관점에서, 참가자가 전도체험에 도달하여 개
최자가 의도한 방향으로 변화하였다면 이벤트의 개최목적을 달성한 것이
라고 할 수 있다. 다시 말하면 개최자가 이벤트의 개최를 통해 달성하고자

하는 참가자의 변화가 무엇인지를 파악하고 이벤트 체험을 체계적으로 구성, 실행, 평가하는 과정을 이벤트기획의 전반적 활동 내용이라고 할 수 있다.

이러한 체험과정을 지나 이벤트를 종료하면 참가자는 이전과는 다른 새로운 삶의 일상으로 복귀한다. 복귀라는 단어를 사용하는 이유는 참가자가 비일상적인 이벤트로부터 일상적이고 지속적인 삶으로 돌아가는 것을 의미하기 때문이다. 복귀한 개인은 이벤트 체험의 내용에 따라 변화한 욕구, 동기, 기대를 지니고 여타의 경험들과 결부한 동인에 힘입어 새로운 이벤트를 찾아간다.

3) 이벤트의 분류

이벤트의 개념을 바탕으로 한 이벤트 체험의 구체적인 형태는 이벤트를 분류함으로써 확인할 수 있다. 이벤트는 개최 규모와 대상, 목적과 형태, 참가 이유 등에 따라 분류할 수 있고, 그 밖에도 개최자의 특성과 목적에 따라서 공적인 이벤트와 사적인 이벤트로 분류할 수 있으며, 이벤트 참가자에 대한 개방성 유무에 따라서 개방형 이벤트, 폐쇄형 이벤트, 중립형 이벤트로 분류할 수 있다.

(1) 목적과 형태

이벤트 학자들은 이벤트의 목적과 형태에 따라 여러 가지 분류를 제시하고 있다. Allen *et al.*(2011)은 이벤트의 형태를 크게 축제, 스포츠이벤트, MICE(또는 기업이벤트)로 분류하였다.[10] Getz & Page(2016)는 문화의식, 정치이벤트, 예술과 오락, 스포츠이벤트, 여가이벤트, 사적이벤트 그리고 경계상의 이벤트 등으로 이벤트의 유형을 분류하고 있다.[11] 이 책에서는 여러 분류 중에서 〈표 1-1〉과 같이 이경모(2004)가 제시한 8가지 대분류를 기준으로 활용하면서 정치이벤트는 정치의례이벤트로 수정하여 적용한다.

〈표 1-1〉 이벤트의 목적과 형태에 따른 분류[12]

대 분 류	소 분 류		세 분 류	
축제 이벤트	개최기관별		지역자치단체 주최 축제, 민간단체 주최 축제	
	프로그램별		전통문화축제, 예술축제, 종합축제	
	개최목적별		주민화합축제, 문화관광축제, 산업축제, 특수목적축제	
	자원유형별		자연, 조형구조물, 생활용품, 역사사건, 역사인물, 음식, 전통문화	
	실시형태별		축제, 지역축제, 카니발, 축연, 퍼레이드, 가장행렬	
전시 박람회 이벤트	전 시 회	전시목적별	교역전시	교역전, 견본시, 산업전시회
			감상전시	예술품전시회, 문화유산전시회
		개최주기별	비엔날레, 트리엔날레, 카토리엔날레	
		전시주제별	정치, 경제, 사회, 문화예술, 기술, 과학, 의학, 산업, 교육, 관광, 친선, 스포츠, 종교, 무역	
	박 람 회	BIE인준별	BIE인준	인정(전문)박람회, 등록(종합)박람회
			BIE비인준	세계박람회, 전국규모 박람회, 지방박람회
		행사주제별	인간, 자연, 과학, 환경, 평화, 생활, 기술	
회의 이벤트	규모별		대규모	컨벤션, 컨퍼런스, 콩그레스
			소규모	포럼, 심포지엄, 패널토의, 워크숍, 강연, 세미나, 미팅
	개최조직별		협회, 기업, 교육·연구기관, 정부기관, 지자체, 정당, 종교단체, 사회봉사 단체, 노동조합	
	회의주제별		정치, 경제, 사회, 문화예술, 기술, 과학, 의학, 산업, 교육, 관광, 친선, 스포츠, 종교, 무역	
	개최지역별		지역회의, 국내회의, 국제회의	
문화 이벤트	문화주제별		방송·연예, 음악, 예능, 연극, 연화, 예술	
	경쟁유무별		경연대회, 발표회, 콘서트	
스포츠 이벤트	상업성유무별		프로스포츠경기, 아마추어스포츠경기	
	참가형태별		관전하는 스포츠, 선수로 참여하는 스포츠, 교육에 참여하는 스포츠	
기업 이벤트	개최목적별		PR, 판매촉진, 사내단합, 고객서비스, 구성원 인센티브	
	실시형태별		신상품설명회, 판촉캠페인, 사내체육대회, 사은 서비스	
정치의례 이벤트	개최목적별		국가기념식, 의전행사, 전당대회, 정치연설, 군중집회, 후원회	
개인 이벤트	규칙적 반복		생일, 결혼기념	
	불규칙적		파티, 축하연, 특정모임	

BIE[13]
Bureau Internationale des
Expositions(세계박람회사무국)

〈표 1-2〉 이벤트 규모와 대상에 따른 분류[14]

분류	예시	대상	매체 범위
메가이벤트	세계박람회 올림픽 FIFA 월드컵	세계적	세계적 매체
스페셜이벤트	F1 그랑프리 Pan-Am 경기대회 영연방경기대회	국제적 국가적	국제적 매체, 국가적 매체
홀마크이벤트	국가 이벤트 대도시 이벤트	국가적 지역적	국가적 매체, 지역적 매체
지역이벤트	지방 도시 이벤트 소지역 이벤트	지역적	지역적 매체

F1 그랑프리
FIA Formula One World
Championship (포뮬러원)
스피드 위주의 경주용 자동차를 이용
한 온로드 경기

Pan-Am 경기대회
Pan-American Games
(범미주경기대회)
남·북아메리카 국가들 사이에 열리
는 국제스포츠대회로 제1회 대회는
1951년 아르헨티나에서 개최하였고
19개 종목에 20개국이 참가함

영연방경기대회
Commonwealth Games
영연방국가들의 경기대회
제1회 대회는 1930년 캐나다 해밀턴
에서 11개국이 참가하여 영제국경기
대회로 열렸고 1970년 제9회 에딘버
러대회부터 현재의 명칭으로 개최됨

홀마크 Hallmark
귀금속 품질 보증 마크로 14세기 영국
에서 시작한 것으로 알려졌다. 이와
비슷하게 홀마크이벤트는 지역을 대
표적으로 인증하고 상징하는 효과를
지닌 이벤트를 의미한다. 예를 들어
머드축제라는 명칭만으로 보령시를
떠올릴 수 있다.

(2) 개최 규모와 대상

이벤트의 개최 규모와 대상에 따른 분류는 이벤트 참가 범위에 따른 분류라고 할 수도 있다. Roche(2000)는 이벤트를 메가이벤트(Mega Event), 스페셜이벤트(Special Event), 홀마크이벤트(Hallmark Event), 지역이벤트(Community Event)로 〈표 1-2〉와 같이 분류하고 있다.[15] 한편 Allen *et al.*(2011)은 Roche(2000)의 정리 중 스페셜이벤트를 메이저이벤트(Major Event)로 바꾸어 정리하고 홀마크이벤트보다 작은 규모라고 설명하였다.[16]

〈표 1-3〉 이벤트 참가 이유에 따른 분류[17]

분류	내용
감상이벤트	일반적인 즐거움과 단순 감상 - 오락, 교양, 공연, 전시 등
체험이벤트	직접적인 체험을 통한 즐거움 추구 - 축제, 예술, 스포츠, 파티 등
욕구만족이벤트	지식, 건강 및 성취감 등 자신의 욕구충족 - 교육, 회의, 스포츠, 경연 등
정보취득이벤트	정보와 지식의 획득 - 회의, 전시, 교육 등

(3) 참가 이유

이경모(2004)는 또한 이벤트 참가자의 참가 이유에 따라 감상이벤트, 체험이벤트, 욕구만족이벤트, 정보취득이벤트 등으로 〈표 1-3〉과 같이 분류하였다.[18] 참가 이유에 따른 분류는 이벤트 참가자의 동기를 명확하게 파악할 수 있어 개최자에게 효과적인 마케팅 수단을 찾을 수 있도록 도움을 준다.

2. 기획의 개념과 기능

1) 기획의 개념

우리는 기획이라는 용어를 다양하게 사용하고 있다. 예를 들어 기획특집, 기획기사, 기획프로그램, 기획전, 기획공연, 영업기획, 공연기획, 경영기획, 연예기획, 사업기획, 국가기획 등 너무 많아 오래전부터 친숙하게 활용한 개념으로 생각한다. 그렇지만 기획이라는 개념은 그렇게 오랜 개념은 아니다.

우선 19세기 미국의 국가기획에서부터 그 연원을 따져볼 수도 있지만, 본격적인 의미에서의 기획방법론은 1920년대에 하버드 경영대학원에서 기업을 위해 개발한 하버드정책모형(Harvard policy model)이다. 이는 내부자원과 외부환경을 통합적으로 고려하여 정책 방향을 설계할 수 있도록 고안한 것에서 출발하였다. 나중에 효율성을 높일 수 있는 다른 개념들을 첨부하면서 현대적 의미의 기획으로 발전하였다. 1980년대 이후에 이르러서는 전략적 기획방법론 등 여러 모델과 방법이 공공부문을 비롯하여 다른 분야로 확산하였다.[19]

기획(企劃)의 한자어를 풀면 사람(人)이 멈추어서(止) 발돋움하여 먼 곳을 보고 전경(畵)을 칼(刀)로 새긴다는 의미를 지니고 있다. 다시 말하면 미래를 내다보고 가야 할 위치를 미리 그림으로써 안내 지도를 얻는 것이다. 같은 뜻으로 쓰이는 영어의 planning도 지도를 만든다는 어원을 지니고 있

Harvard policy model
SWOT(강점, 약점, 기회, 위협)로 요약할 수 있는 이 모델은 조직환경 아래에서 조직의 적합성을 구축하는 것을 목적으로 하는 전략적인 기획 접근법이다.

다. 기획과 유사한 단어인 계획(計劃, plan)은 확정적인 의미에서 기획의 과정을 통하여 완성한 설계도나 방침이라고 할 수 있다. 비교하자면 기획은 미래의 문제를 해결하기 위하여 여러 가지 대안을 모색하는 행위적 과정을 중시하는 것이고 계획은 기획의 각 단계에서 확정한 하나하나의 해결 대안이나 연구의 결과라고 할 수 있다. 따라서 기획은 상황을 파악하고 대처하는 데 그 주안점이 있고 계획은 주어진 상황에 따라 특정한 실행의 결과를 달성하고자 마련한 설계도라고 할 수 있다.

⟨표 1-4⟩ 기획의 여러 정의[20]

학자	정의
Millett (1947)	공공분야에서 공통성을 띠는 사업의 추진에서 인간이 가진 최선의 가용한 지식을 체계적이고 계속적이며 선견성 있게 적용하는 것
Dahl & Lindblom (1953)	합리적 계산 및 효과적 통제체계
Davidof & Leiner (1962)	일련의 선택을 통해서 적절히 장래의 행위를 결정짓는 과정
Dror (1963)	최적의 방법으로 목표를 달성하기 위하여 장래의 행위에 관한 일련의 결정을 내리는 과정
Dror (1971)	구조화한 합리성, 체계적 지식, 조직화한 창의성으로 미래의 형태를 정하려는 노력
Waterston (1965)	특정한 목표를 달성하기 위하여 최상의 이용 가능한 미래의 방법, 절차를 의식적으로 개발하는 과정
권영찬 (1968)	최적의 수단으로 목표를 달성할 수 있도록, 장래의 행동을 위한 일련의 결정을 마련하는 과정
김신복 (1980)	미래에 관한 합리적 사고 과정으로 과거의 변화추이와 현재의 문제점들을 분석하여 바람직한 미래를 설계하는 활동
박해준 (1982)	장래의 변화목표를 지향하며 이 목표를 달성하기 위한 합리적 수단과 방법을 의식적으로 모색하는 계속적, 동태적 과정
이성복 (1988)	목적을 달성하는 제일 나은 방법을 찾고 동시에 미래의 성장을 위한 학습에 이바지하는 것
한영석 (1993)	조직목표를 설정하고 장래의 조직환경을 예측하며 목표달성을 위한 구체적인 행동방안과 업무수행 방법 등을 결정하는 과정

기획에 대한 여러 학자의 정의를 살펴보면 〈표 1-4〉와 같다. 그 내용을 정리하면 기획은 목적에 따라 실행목표를 설정한다. 그리고 그것을 달성하기 위하여 주어진 환경과 자원을 조사하고 최적의 합리적 대안을 선택한다. 그다음 대안의 실행 방향을 조직적으로 구성하고 구현하는 지속적 과정 등으로 정리할 수 있다. 즉, 기획이란 바람직한 목표를 달성하기 위해 상황을 분석하고 대안을 제시함으로써 구성원의 행동방향을 제시하는 과정으로 정의할 수 있다.

그리고 기획의 정의를 바탕으로 특성을 정리하면 4가지로 요약할 수 있다. 그 특성은 조직의 목표를 정하고 그 목표를 달성하려는 목표미래지향의 특성, 계속해서 문제를 규명하고 조정하며 통제하는 동태적 준비과정의 특성, 더 바람직하고 합리적인 대안을 선택하여 서로 연계하는 통합적 대안선택의 특성, 끝으로 실행과 집행을 전제로 하는 행동지향의 특성 등이다.

〈그림 1-4〉 기획의 특성

2) 기획의 기능

기획은 미시적인 한 개인의 차원에서 보면 인간의 장래를 미리 준비하는 것이고, 중간 범위인 조직의 차원에서는 적극적 관리기능의 단계라고 할 수 있으며, 거시적인 범위인 국가 또는 사회적 차원에서는 긍정적 변화와 발전의 도구라고 할 수 있다. 또한, 기획은 장래의 행동에 대한 사전 결정기능,

합리적인 지적사고(知的思考) 과정으로서의 기능, 사회적 선(善)의 실천기능, 그리고 다양한 관리적 요소를 포괄하는 기능을 살펴볼 수 있다.

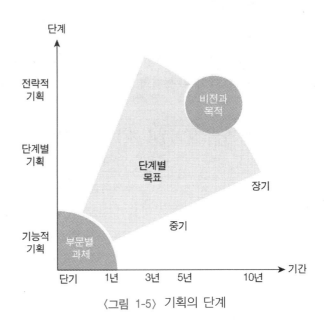

〈그림 1-5〉 기획의 단계

　　그리고 기획을 기간과 포괄 범위에 따라 단계별로 구분하면 전략적 기획, 단계별 기획, 기능적 기획으로 나눌 수 있다. 전략적 기획은 내외의 자원과 환경을 평가하고 조직의 비전과 목적을 설정하는 것이다. 단계별 기획은 전략적 기획을 달성하기 위해 단계별 목표를 설정하는 것이다. 기능적 기획은 단계별 기획의 목표를 달성하기 위해 부문별 과제를 설정하는 것이다. 기획을 기간에 따라 구분할 수도 있는데 짧게는 1년 이하를 대상으로 하는 단기기획, 3년 정도의 기간을 대상으로 하는 중기기획, 그리고 5년 이상의 전망을 대상으로 하는 장기기획으로 나눌 수 있다. 그리고 대상 기간이 멀수록 성과의 불확실성은 높아지고 대안 선택의 폭은 커진다. 〈그림 1-5〉에 나타난 과제, 목표, 목적은 기획의 기간에 따라 나누는 것이 아니라 기획내용을 포괄하는 범위와 단계에 따른 것이다.

3) 기획의 관리체계

기획을 관리체계의 입장에서 구분하면 〈그림 1-6〉의 예시와 같이 전략(strategy), 사업구성(portfolio), 사업기획(program), 단위사업(project)으로 구분할 수 있다. 예를 들어 문화재단 전체의 전략적(strategy) 차원에서 사업을 총괄하는 비전과 목적을 제시하고 그것을 달성하기 위한 다수의 사업으로 이루어진 사업구성(portfolio)을 수립한다. 사업구성의 각 사업은 장기적 전략의 비전과 목적을 지향하는 중기적이고 단계적인 사업기획(program)으로 나누고 이는 다시 단위사업(project)으로 세분할 수 있다.

사업기획 program
여기서 단위사업(project)을 묶는 상위단계의 사업기획(program)과 단위사업(project)의 내용으로서의 프로그램을 구분할 필요가 있다.
일반적으로 이벤트에서의 프로그램은 후자의 뜻으로 쓰인다. 즉, 참가자를 위해 준비한 일련의 행사내용이라는 좁은 의미로 많이 사용한다.

〈그림 1-6〉 기획의 관리체계 예시

〈그림 1-6〉의 예에서 사업구성(portfolio) 중 이벤트사업을 전시, 회의, 축제 등의 사업기획(program)으로 세분하였고 그중 축제는 다시 기능별 단기 기획인 단위사업(project)으로 세분하여 도서축제와 ○○축제 등으로 구성하였다. 이벤트기획에서는 사업기획과 단위사업 차원의 실무적 기획을 많이 접할 수 있어서 프로젝트 기획이라는 용어를 많이 사용한다. 그렇지만 그러한 경우에도 전체적인 관리체계에서 바라보는 비전과 목적 그리고 단계별 목표를 파악함으로써 보다 효과적이고 바람직한 기획업무를 수행할 수 있다. 또한, 장기간 준비가 이루어지고 규모도 방대한 올림픽 등의 메가이벤트에서는 그 기획의 규모를 전략단위에서 접근하는 것이 사업의 성공을 위해 더욱 적절하다.

3. 이벤트기획과 기획자

1) 이벤트기획

비일상적이고 한시적인 이벤트는 개최자의 목적을 실현하려는 의도에 따라 실행한다. 그리고 이벤트 참가자는 욕구, 동기, 기대, 경험 등에 따라 새로운 체험을 요구한다. 의례나 의식이 주요 내용을 차지하는 이벤트에서는 기존의 정해진 절차를 진행하는 것만으로도 개최 의도를 충분히 달성할 수도 있다. 그렇지만 대부분 이벤트는 마주하는 개최상황을 분석하여 적절한 개최방안을 도출하고 준비과정에서 발생하는 여러 변화에 능동적으로 대처함으로써 목적과 목표를 달성한다. 그러므로 이벤트의 개최는 일반적으로 기획과정을 통해 달성한다.

그리고 이벤트는 자족적 목적으로 개최하는 경우보다 경제적, 사회적 효과의 달성 등의 다른 목적을 위한 수단으로 활용하는 경우가 많다. 수년간의 준비기간을 소모하는 메가이벤트는 전략기획의 수준에서 준비한다. 이럴 때도 그 메가이벤트는 국가적 또는 사회적 차원에서 개최하는 사업기획의 하나로 볼 수 있다. 나머지 중소규모의 이벤트도 지자체나, 기업, 단체 등이 추진하는 좀 더 포괄적인 전략기획의 사업구성에 속한다. 따라서 이벤트는 개최자의 사업구성 내의 사업기획이나 단위기획의 하나로 추진하는 경우가 일반적이다.

또한, 이벤트는 한시적 특성이 있으므로 전체 조직을 상설로 운영하기보다 개최 시점에 가까워지면 필요에 따라 실행조직을 빠르게 늘렸다가 종료 후 해산하는 맥동형 조직으로 운영한다.[21] 따라서 이벤트는 개최 기간을 기준으로 어느 정도의 준비기간이 필요한가에 따라서 조직구성이 달라진다.

운영 기간의 관점에서, 대체로 1년 이상 조직을 유지하고 장기적으로 또는 반복적으로 이벤트의 실행을 준비하는 상설 기획조직과 한시적 또는 일회적인 이벤트의 단기적 실행을 위해 운영하는 임시 기획조직으로 구분할 수 있다. 이벤트의 규모와 내용에 따라 그 조직의 크기나 성격이 달라지고 상설조직이든 임시조직이든 개최 시기가 임박하면 행사의 성격과 요구에 따라 일시적인 인력을 추가로 고용함으로써 조직은 최대한으로 확장한다. 이러한 이벤트 조직의 맥동형 특성과 한시적 특성은 전략적 기획의 목적에 포괄적으로 접근하는 것을 방해하는 요소로 작용한다.

기업, 지자체, 단체 등이 주최하고, 대체로 1년 단위로 반복하는 이벤트(축제, 전시, 회의, 기념식 등)는 평상시 1~2명 정도의 최소 인원의 담당자 또는 소규모의 팀으로 구성한다. 이렇게 상설 기획조직을 운영하다가 적정한 시점에 이르면 기획조직을 보강하고 본격적인 실행조직으로 개편함으로써 준비에 박차를 가한다. 최근에 우리나라의 지자체에서는 지역축제 등 역점을 두는 여러 이벤트사업의 지속성을 확보하기 위하여 재단법인을 설립하여 재정을 지원하거나 지자체 산하의 문화재단 내에 이벤트(축제)를 담당하는 상설 기획조직을 두는 경우가 많다. 그리고 기업에서는 고객과의 효과적인 마케팅 커뮤니케이션의 수단으로 이벤트를 많이 활용한다. 기업은 이벤트기획과 실행을 위해 홍보, 마케팅, 총무 등의 부서에 이벤트 담당자를 두거나 별도의 이벤트 조직을 구성하여 운영하기도 한다. 이는 이벤트 관련 사업의 기회와 일자리 창출에 도움을 준다.

<그림 1-7> 이벤트에서의 기획

　임시 기획조직으로 진행하는 이벤트는 특성상 준비기간이 짧은 경우가 많다. 이렇게 하나의 프로젝트를 중심으로 모였다가 흩어지는 조직의 한시적 특성은 지속가능성이 없다는 것을 의미한다. 그러므로 해당 이벤트의 실현을 위해 필요한 적정한 수준의 숙련도와 정보를 확보하기가 쉽지 않다.

　이벤트를 성공적으로 실현하기 위해서는 이벤트의 준비와 실행을 적절히 관리할 수 있는 경험과 숙련도가 높은 전문적 기획자의 참여가 무엇보다 중요하다. 이런 이유로 개최조직은 유사하고 다양한 경험을 보유한 이벤트대행사와 협력하여 이벤트를 개최하는 경우가 많다. 한편, 한국이벤트산업협동조합에서는 이벤트대행사가 정해진 규격에 따라 전문적인 서비스를 제공할 수 있도록 산업표준화법에 따른 행사서비스단체표준을 제정하여 운용하고 있다.[22]

2) 이벤트기획자

　한시적이고 유일한 단위사업인 프로젝트의 기획과 실행이라는 의미에서 이벤트를 기획하는 이벤트기획자는 높은 수준의 숙련된 능력이 필요하다. 프로젝트 관리자(PM, project manager)로서의 이벤트기획자는 기본적으로 해당 프로젝트의 관리에 대한 충분한 경험과 지식, 자원을 활용하여 목표를 달성하는 실행력, 그리고 조직을 이끌 수 있는 리더십 등의 3가지 특성이 필요하다. 또한, 프로젝트 관리에서 수행하는 이벤트기획자의 역할을 살펴보면 관련 정보와 업무 지식에 대한 조율과 통합, 조직의 구성과 조직 활동의 촉진, 이해당사자 간의 업무조정과 협업의 지도, 갈등과 리스크에 대한 해결책의 제시, 최종결과에 대한 책임 등을 필요로 한다.

〈그림 1-8〉 이벤트기획자의 특성과 역할

기획을 성공적으로 운영하기 위해 조직을 움직여야 하는 이벤트기획전문가의 주요한 자질 중의 하나인 리더십에 대한 NPR의 견해를 살펴보면 다음과 같다. 전문가로서의 기획자 리더십은 기획과정에 실질적으로 참여하는 직접 개입(personal involvement), 조직의 각 수준과 각 기획 단계에서 사명을 전파하고 현실화하는 능력으로서의 비전과 가치(vision & values)의 제시, 고객 중심으로 업무를 완수하고자 하는 필요성에 대한 절박감(sense of urgency), 참여와 혁신을 구조화하는 성공의 틀(framework for success) 등 4가지를 제시하고 있다.[23]

그 밖에도 이벤트기획자가 전문가로서 숙련하여야 할 이벤트 관련 지식에 관한 여러 연구가 있다. 그중 EMBOK 모델을 연구한 Silvers et al.(2005)은 이벤트 경영을 위한 5가지 지식영역을 행정, 연출, 마케팅, 운영, 리스크 등으로 제시하였다.[24] 그 내용을 보면 행정영역은 지원관리업무에 관한 것으로 재정, 인사, 정보, 조달 등에 관한 내용을 다루고, 연출영역은 내용구

NPR

National Performance Review
미국의 Clinton 행정부가 1993년 구성한 행정개혁팀을 지칭함
4가지 핵심 개혁안을 도출함

- cutting red tape
  형식주의 제거
- putting customers first
  시민 우선
- empowering employees to get results
  담당자 권한 강화
- cutting back to basics
  기본기능으로 회귀

1998년 the National Partnership for Reinventing Government로 개칭됨

EMBOK

Event Management Body of Knowledge (이벤트지식체계)

성에 관한 것으로 식음료, 오락, 환경, 프로그램 등에 관한 내용을 다루며, 마케팅영역은 커뮤니케이션에 관한 것으로 마케팅, 홍보 등의 내용을 다룬다. 그리고 운영영역은 현장관리를 중심으로 참가자, 기반시설, 기술적 요소 등을 다루고 리스크영역은 위기대응, 비상대책, 안전, 보험, 법 등의 내용을 다룬다.

Getz & Page(2016)는 Event Studies에서 이벤트의 기초가 되는 14개 학문영역을 제시하고 있다.[25] 구체적으로 인류학, 사회학, 심리학, 환경심리학, 사회심리학, 철학, 종교학, 경제학, 경영학, 정치학, 법학, 역사학, 인문지리학, 미래학 등이다. 그리고 관련 전문영역으로는 여가학, 관광경영, 관광학, 환대경영, 환대학, 교육, 통역, 커뮤니케이션, 매체, 공연연구, 예술·문화경영, 문화연구, 스포츠경영, 스포츠학, 시설, 클럽, 군중관리, 연극학 등 다양한 관련분야를 제시하고 있다.

또 다른 견해로 Goldblatt(2005)은 이벤트 지식을 네 가지로 나누어 제시한다.[26] 구체적인 내용을 보면 행정영역은 커뮤니케이션, 재정, 정보, 조직, 일정, 세금 등이다. 운영영역은 쾌적성, 보상, 식음료, 장식, 연예오락, 서비스예절, 인적관리, 의상, 조명, 주차, 시상, 규칙, 음향, 연사, 교통, 개최시설 등이다. 마케팅영역은 광고, 통계분석, 평가, 갈등해결, 감사, 협상, 기획, 판매촉진, 제안과 PT, 홍보, 입장권판매, 스폰서십, 스턴트 등이다. 리스크관리영역은 평가, 법규준수, 계약, 재정효과, 보험 등이다. 더불어 Goldblatt(2005)은 이벤트의 전문가를 양성하기 위한 교육내용으로 광고, 인류학, 예술, 음료(beverage)관리, 경영학, 케이터링, 커뮤니케이션, 요리, 디자인, 교육, 화훼, 민속학, 환대, 호텔, 법, 박물관학, 음악, 정치학, 홍보, 오락, 스포츠경영, TV, 연극, 관광, 여행 등을 열거하고 있다.

3) 이벤트기획자의 자격

이벤트 관련 협회 등 여러 조직은 자격제도를 통해 이벤트기획자 또는 관리자의 전문성을 인정하고 있다. IFEA(축제이벤트국제협회), ILEA(국제이벤트협회), EIC(이벤트산업협의회), MPI(회의전문가국제협회), IAEE(전시이벤트국제협회), KEICA(한국이벤트산업협동조합) 등이 관련 교육과 자격제도를 운영하고 있다. 그리고 우리나라 정부에서는 회의전문가 양성을 위한 컨벤션기획사 국가자격을 운영하고 있다. 한국이벤트산업협동조합에서도 이벤트기획자의 전문성을 인증하기 위한 행사기획전문가 1, 2급 자격제도를 운영하고 있다.

관련 단체 홈페이지
IFEAwww.ifea.com
International Festival & Event
Association

ILEAwww.ileahub.com
International Live Events
Association

EIC www.eventscouncil.org
Events Industry Council

MPIwww.mpiweb.org
Meeting Professionals International

IAEEwww.iaee.com
International Association of
Exhibitions and Events

KEICA www.keica.or.kr
Korea Event Industry Cooperative
Association

조직 내 역할	숙련기간	회사직급 예시
이벤트전문가 event professional	(박사학위 등의 공인 자격)	
이벤트제작자 event producer	10년 이상	부장, 본부장, 이사
이벤트연출가(감독) event director	7~10년	(팀장), 차장, 부장
이벤트관리자 event manager	5~7년	과장, (팀장), 차장
이벤트기획자 event planner	3~5년	대리, 과장
이벤트조정자 event coordinator	2~4년	사원, 대리
이벤트조력자 event supporter	0~2년	인턴, 사원

〈그림 1-9〉 이벤트기획자의 위계

이벤트 관련 자격제도는 각 단체의 이벤트 유형별 특성에 맞게 시작하였으나 이벤트기획 또는 관리라는 포괄적 관점으로 확장하고 있다. 예를 들어 CIC(Convention Industry Council)는 EIC로 개칭하여 이벤트산업을 포괄하는 것으로 협회를 개편하였고 운영하는 자격제도에 이벤트기획과 관리의 전문가로서의 내용과 적용을 포함하였다. 다만 자격증의 명칭은 전통성을 유지하기 위하여 CMP(Certified Meeting Professional)를 그대로 사용함으로써 회의의 의미가 남아 있다. 다른 협회나 단체들도 비슷한 양상을 보인다. 그리고 이 자격들은 입문자를 위한 자격제도라기보다 산업활동에서 축적한 기획자의 전문성을 인정하고 검정하는 것에 초점을 맞추고 있다. 특히 주목할 점은 대부분 자격갱신 조항을 두어 교육과 활동을 통해 기획자의 전문성을 지속해서 유지하고 회원으로서 상호교류할 수 있도록 유도하고 있다.

이벤트기획의 특성

 # 이벤트기획의 특성

앞에서 다룬 이벤트와 기획의 개념을 바탕으로 실제 이벤트기획은 어떠한 절차를 통하여 성립하는가를 살펴본다. 먼저 이벤트 개최를 위해 이벤트기획이 왜 필요한지 그리고 효과적인 이벤트기획을 위한 구성요건이 무엇인지를 살펴본다. 다음은 이벤트기획의 기본적인 운영원리와 한계성을 검토한 뒤 그 내용을 바탕으로 이벤트기획의 전체적인 절차를 정리한다.

1. 이벤트기획의 효용과 구성요건

1) 이벤트기획의 효용

이벤트를 개최할 때 기획이라는 도구의 서랍에서 꺼낼 수 있는 기획 활용의 효용성은 효과적 관리수단의 제공, 판단근거의 제시, 합리성의 제고,

〈그림 2-1〉 이벤트기획의 효용

성과기준의 제시, 효율적 자원분배, 전반적인 상황파악과 효과적인 통제수단의 제공 등이다.[27] 거꾸로 말하면 그러한 활용성이 있도록 기획과정의 업무를 수행한다는 것을 의미한다.

(1) 관리수단

이벤트기획은 조직이 이벤트의 개최목적과 목표에 집중할 수 있는 근거를 제공하고 그 기준에 따라 체계적인 활동을 할 수 있도록 지원한다. 따라서 관리자의 관점에서 이벤트기획은 조직에 대한 효과적인 관리의 수단으로 작용한다.

(2) 판단근거

여러 가지 선택 가능한 대안 중 각 상황에 따라서 어떤 대안을 선택할 것인지에 대한 기준을 제시한다. 다시 말하면 이벤트기획의 진행이나 유보 그리고 리스크에 대한 대처 등 판단의 근거를 제시함으로써 미래에 실제 도래할 이벤트의 개최환경에 더욱 쉽게 대비하도록 한다.

(3) 합리성

기획은 전체 프로젝트를 아우르는 통합적 입장에서 합리적이고 체계적인 방법으로 최선의 대안을 선택할 수 있도록 도와준다. 그렇게 해서 불필요한 업무를 최소한으로 줄여 효율성을 높이고 이벤트 개최를 위한 각 업무활동의 지속성을 협력적으로 확보할 수 있도록 한다.

(4) 성과기준

이벤트기획은 수행업무가 무엇인지 명확하게 정의하고 업무목표를 제시함으로써 성과달성의 수준과 성취도를 효과적으로 예측할 수 있도록 한다. 효과적인 기획은 조직원 간의 의사전달을 촉진하고 창의력과 의욕을 향상함으로써 업무역량이 증가하도록 도와준다.

(5) 자원분배

이벤트의 기획은 준비기간을 포함한 활동 기간 내에서 활용 가능한 전체

자원을 파악하고 조직안에서 서로 간에 정보를 공유하도록 한다. 그 결과 조직의 가용자원을 보다 효율적으로 분배하여 사용할 수 있도록 도와준다.

(6) 상황파악

이벤트의 기획은 조직의 중요한 관계와 각 분야의 업무와 연관성을 이해하도록 한다. 그리고 이벤트와 관련한 내외의 전반적 상황과 주요 이슈 등을 명확하게 파악할 수 있도록 도와준다. 따라서 조직원이 개최환경에 능동적으로 대응할 수 있도록 한다.

(7) 통제수단

이벤트의 기획은 객관적으로 달성목표를 명시하고 업무방침 등의 성과기준을 제시하고 공유하는 것에서 나아가 업무를 평가하고 개선을 할 수 있도록 함으로써 조직원에 대한 효과적인 통제의 수단으로 작용한다.

2) 이벤트기획의 구성요건

이벤트기획이 제대로 기능하기 위해서는 다음과 같이 7가지 구성요건을 고려한다.

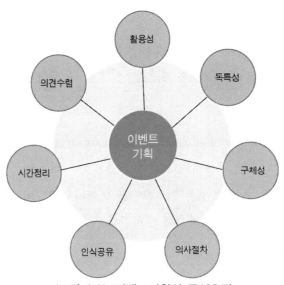

〈그림 2-2〉 이벤트기획의 구성요건

(1) 활용성

무엇보다 이벤트기획의 과정을 통해 수립한 계획은 개최자가 수용할 수 있는 내용이어야 하고 실제로 활용할 수 있는 계획이어야 조직원의 활동에 의미를 부여할 수 있다.

(2) 독특성

각 이벤트기획은 설정한 목적과 목표를 중심으로 그 기획만의 독특성을 지녀야 한다. 각각의 이벤트는 모두 고유한 내용과 형식을 지니고 있으며 관리의 관점에서도 목적을 중심으로 각 이벤트에 적합한 조직, 재정, 마케팅 등을 한시적이고 유일한 내용으로 구성한다.

(3) 구체성

이벤트기획은 해당 개최목적에서 출발하고 각각의 목표 달성을 위한 구체적이고 실천이 가능한 조직의 업무를 제시한다. 또한, 각 목표의 우선순위를 제시함으로써 여러 목표를 효율적으로 달성할 수 있도록 공헌한다.

(4) 의사절차

이벤트기획을 통해 전체 조직을 포괄하는 상향적, 하향적 그리고 횡적인 의사소통과 의사결정 방법을 제공한다.

(5) 인식공유

이벤트기획의 전제인 주어진 상황의 조건과 전망에 대해 일치하는 인식을 공유할 수 있도록 한다. 또한, 그 공유를 위한 구체적인 방법을 제시함으로써 이벤트 개최조직이 상황의 변화에 쉽게 대응할 수 있도록 한다.

(6) 시간정리

이벤트의 전체적인 기획 기간과 활동 범위에 대한 충분하고 적절한 시간 정리가 필요하다. 각각의 활동은 동시에 진행하는 수평적 활동, 원인과 결과 또는 선후가 분명한 수직적 활동, 그리고 활동과 활동을 연결하는 여유시간 등의 정리가 필요하다.

(7) 의견수렴

끝으로 조직원의 적극적인 참여와 충분한 의사전달의 과정을 통하여 세부적인 계획을 수립하도록 한다. 모든 의견이나 정보의 공개가 꼭 필요한 것은 아니지만 이벤트기획자와 관리자에 의한 충분한 의견수렴이 중요하다.

2. 이벤트기획의 운영원리와 한계

1) 이벤트기획의 운영원리

이벤트기획을 성공적으로 수행하기 위한 기본적인 운영원리는 크게 3가지로 나누어 생각할 수 있다. 그 첫째는 이벤트의 목적지향, 효율성, 보편성을 고려하는 본질적 측면이고, 다음은 의사결정, 시간결정, 정보제공을 고려하는 구조적 측면이며, 마지막은 수행기간, 변경가능성, 경쟁상황을 고려하는 과정적 측면이다. 이벤트기획은 이러한 3가지 운영원리를 바탕으로 접근한다.

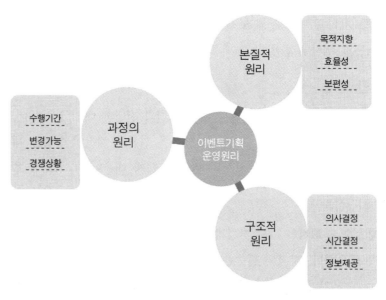

〈그림 2-3〉 이벤트기획의 운영원리

(1) 본질적 원리

이벤트의 전체적인 기획과정과 세부적인 각 계획은 목적달성에 이바지하고, 투입한 비용에 대비하여 성과나 효익이 커야 하며 최소한의 비용을 효율적으로 투입한다. 또한, 이벤트기획에서 수립한 내용은 이벤트 개최를 위한 제반 업무 활동에 우선하고 개최조직과 활동 전체에 보편적으로 적용할 수 있도록 한다.

(2) 구조적 원리

이벤트기획의 조건이나 전망 등 기획 전제의 활용에 대한 조직원 간에 일치하는 이해를 구함으로써 의사결정의 기준을 위한 전체적 틀로 작용하도록 한다. 또한, 활동의 수평적(동시적), 수직적(인과적) 시간을 설정하는 기준을 제공한다. 더불어 이벤트 개최에 참여하는 각 조직원이 담당하는 책임에 관련한 완전한 정보를 제공하여 조직이 유기적으로 움직일 수 있도록 한다.

(3) 과정의 원리

개최의 필요성을 확인하고 준비에서부터 실행과 평가가 이루어지기까지 이벤트의 개최는 일련의 기획과정이다. 이벤트기획은 목적 달성을 위해 여러 가지 가능한 행동 방법 중 최선의 방안을 선택하는 과정이다. 최선의 대안을 선택하기 위해서는 개최환경과 활용 가능한 자원 등 제약 요소와 전략 요소에 대한 지속적인 주의가 필요하다. 이벤트기획에서 제시한 각 업무 활동은 그 수행 기간이 정해진다. 각 활동은 비용과 리스크(상황)를 고려하여 선정하되 변경의 가능성을 열어놓아야 한다. 이러한 변경가능성은 특별한 경우에 계획 전체의 수정을 가져올 수도 있다. 또한, 이벤트기획은 처음부터 외부환경을 고려하여 출발하지만, 준비과정에서 출현하는 뜻밖의 경쟁상황이나 새로운 조건에 대해 항상 주의한다.

2) 이벤트기획의 한계

이벤트기획은 다음과 같이 극복이 필요한 몇 가지 한계를 지니고 있다.

〈그림 2-4〉 이벤트기획의 한계

(1) 불확실성

이벤트기획은 미래의 사건을 의도적으로 만드는 것이기 때문에 여러 한계를 포함하고 있다. 우선 미래의 불확실한 상황을 전제로 기획을 하는 것이기 때문에 예기치 않은 변화의 가능성을 내포하고 있다. 그것을 극복하기 위해서는 과거 자료, 유사사례, 관련 정보 등의 수집과 분석이 필요하고 과학적인 수단을 이용하여 불확실성을 줄이려고 노력한다. 이러한 불확실성을 극복하기 위해 관리자는 이벤트기획의 전체 과정에서 목적을 기준으로 업무를 조정하면서 진행한다. 그러함에도 많은 경우 포괄적 관점에서 접근하기보다 '지금 수행하고 있는 당면한 업무'를 무엇보다 긴급한 것으로 생각하는 실수를 범하여 불확실성을 높이는 경우가 많이 발생한다.

(2) 시행착오

이벤트의 개최를 위해서 모인 조직은 한시적으로 구성한 경우가 많아서 관련 경험을 제대로 축적하기 어렵다. 따라서 경험 부족으로 시행착오를 반복하기 쉽다. 이를 극복하려면, 반복성을 지닌 이벤트 개최의 경우에는 구상, 준비, 결과에 대한 정확한 평가와 보전을 위한 수단이 필요하고 유사

사례에 대한 조사와 분석이 필요하다. 그리고 똑같이 반복하는 같은 기획
과정은 없지만, 반복적으로 활용할 수 있는 운영기술 등을 표준화함으로써
기획과정의 효율성을 높일 수 있다. 또한, 경험이 풍부한 인력의 활용을 통
해 시행착오를 극복할 수 있다.

(3) 비탄력성

세부적인 실행계획을 확정하면 기획은 전체적 측면에서 쉽게 변동하기
어려운 비탄력성이 나타난다. 이러한 비탄력성은 공공적 성격의 이벤트나
메가이벤트 등에서 더욱 강하게 드러난다. 그 이유는 정부 등 공공기관의
의사결정과정은 비교적 느리고 복잡하며 최종적인 결정사항을 번복하기
어렵고 담당자에게 주어진 융통성이 적은 경우가 많기 때문이다.

기획의 과정은 목적의 달성을 위해 최선의 방안을 찾는 것임을 상기하고
변경에 따른 비용과 유지했을 때의 비용 등을 비교하여 목적 달성에 더욱
효익이 큰 대안을 선택할 수 있도록 한다. 기획이 상황의 변화에 따른 탄력
성을 유지하기 위해서는 수립한 계획의 정기적 검토, 설정한 권한 범위에서
우선 실행 후 사후보고, 기획자와 결정권자와의 직접적인 의사소통 기회의
제공 등으로 극복할 수 있다. 그리고 무엇보다 기획과정의 운영원리에 대
한 이벤트 개최조직의 인식이 중요하다.

(4) 참여제한

한시적인 기획조직이 이벤트기획을 전담하는 것이 일반적이기 때문에
다양한 이해관계자의 직접적 참여나 의견의 수렴이 쉽지 않다. 특히 의견
수렴을 할 수 있는 상설조직을 갖추지 못한 축제의 경우, 지역민은 물론 다
른 이해관계자의 참여가 어렵다. 이 경우 최고결정권자나 관련 행정조직의
일방적 방침 또는 일시적이고 낯선 대행 조직의 상투적 기획 방법에 따라
이벤트를 개최하기 쉽다. 이러한 이해관계자의 참여 부재는 이벤트기획의
창의성을 위축시키는 결과로 이어진다. 그러한 기획과정에서 수립한 계획
은 세부적이거나 포괄적인 규제, 즉 관습이나 전통으로 작용함으로써 새로

운 의견을 제시할 기회를 박탈할 수 있다.

기획과정에서 확정한 계획은 조직원의 업무를 통제하는 수단으로 사용하는 것은 맞다. 그렇지만 계획의 의미는 확정한 내용을 그대로 집행하려는 것이라기보다는 적정한 방안을 찾기 위한 변경의 기준선을 제시하는 것임을 잊지 말아야 한다.

(5) 시간부족

효과적인 이벤트기획을 위해서는 일정한 시간이 필요하지만, 그 시간을 충분히 확보가 쉽지 않은 경우가 많다. 더욱이 수립한 계획의 적정성을 확인하기 위한 실험적인 시간도 필요하지만 이를 확보하기란 현실적으로 어렵다. 이벤트기획은 장기간 동안 수집한 정보를 바탕으로 치밀한 계획을 수립하는 경우는 적다. 오히려 주어진 짧은 시간 동안에 한정적 조건이나 상황의 변동에 효과적으로 대처하는 것이 더욱 중요한 경우가 많다.

따라서 먼저 전문적이고 기술적인 사항과 일반적인 절차들을 포함하는 매뉴얼을 중심으로 기획의 기초적인 내용을 준비한다. 그다음에 상황의 변동에 따라 즉각적으로 대처할 수 있도록 기획과정의 변화에 대비하는 정리가 바람직하다. 특히 위기 상황이 발생했을 때 대처할 수 있도록 임시 계획이나 비상계획을 사전에 수립하여 운영함으로써 비상사태에 대비할 필요가 있다.

(6) 업무과중

이벤트기획의 성공적 실행을 위해 세밀한 계획을 수립한다는 명목으로 세부적인 기획 활동에 너무 많은 시간을 투여하고 과다한 경비를 지출하는 것은 바람직하지 못하다. 이는 이벤트기획의 한계적 속성 중 하나인 불확실성을 줄이고자 하는 노력으로 인해 발생한다. 그렇지만 이벤트의 개최시기가 다가올수록 이벤트 실행에 대한 구체성이 높아진다. 따라서 처음부터 너무 세부적인 기획 활동에 몰두하기보다 뼈대로 삼을 수 있는 기본적인 내용으로부터 출발한다. 이후 시간적 우선순위와 중요도를 고려하여 차차 세부적인 사항으로 기획과정을 발전시키는 것이 좋다.

물론 이벤트관리자의 관점에서 확정적으로 실행할 수 있는 기획 부문과 변동 가능성이 큰 기획 부문을 구분하기는 현실적으로 어렵다. 따라서 수량, 크기, 종류 등 약간의 변형만으로 상황에 따라 사용할 수 있는 매뉴얼과 같은 표준계획을 활용한다. 그럼으로써 세부적 기획에 대한 업무의 과중이나 비용의 낭비를 줄이고 전체적으로 영향력이 큰 핵심적 기획내용에 대한 집중도를 높일 수 있다.

3. 이벤트기획의 과정

1) 일반적 기획과정

우리에게 다가올 미래는 3가지로 구분할 수 있다.[28] 먼저 예측할 수는 없지만, 그 무엇이든 발생할 수 있는 다양한 잠재적 미래(potential future)가 놓여있다. 그리고 138억년 전 최초의 빅뱅(big bang)으로부터 과거와 현재

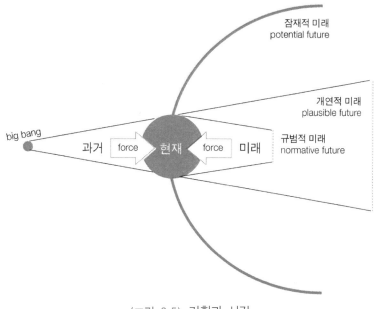

〈그림 2-5〉 기획과 시간

를 통과하여 인과적으로 나타날 미래이자 상황분석에 따라 어느 정도 사전에 예측할 수도 있는 개연적 미래(plausible future)가 있다. 끝으로 기획자가 특정 가치를 구현하기 위해 의도한 목적에 따라 인위적으로 도달하고자 하는 규범적 미래(normative future)가 있다.

현재는 언제나 과거의 영향력(force)과 미래의 영향력에 의해 지배를 받는다. 이 영향력은 서로 다른 개인이나 집단의 충돌이라고도 할 수 있다. 우리는 일반적으로 전통적인 과거의 영향력에 더 큰 지배를 받을 수밖에 없다고 여긴다. 그렇지만 이벤트기획자는 규범적 미래라는 청사진을 바탕으로 과거와 전제한 상황을 활용하여 현재를 변화시킴으로써 바람직한 미래를 실현하는 전문가라고 할 수 있다. 다시 말하면 기획과정은 도래할 미래의 상황을 예측하고 실행 내용을 구체적으로 설계함으로써 바람직한 미래를 조각하는 과정이라고 할 수 있다.

기획과정은 대체로 목적에 따라 세부적 목표를 설정하고 그 목표를 달성하기 위해 기획의 전제를 설정하는 것부터 출발한다. 기획의 전제 확인은 현재 상황과 닥치게 될 상황을 분석함으로써 이루어진다. 기획을 위한 기본적인 전제를 확인하면 그것을 바탕으로 주어진 과제를 검토한다. 그리고 과제를 해결하기 위해 활용할 수 있는 다양한 수단을 도출하고 배합함으로써 각 해결 대안(對案)의 실현 수준을 가늠한다. 각각의 대안들은 목표의 달성 정도를 의미하는 효과성, 투입한 자원에 대비한 산출의 능률성, 끝으로 실현가능성을 고려하여 최선의 대안을 선택함으로써 집행하고 평가한다. 그 과정은 〈그림 2-6〉과 같다.

특히, 대안 선택에서 실현 가능성은 실현 방법에 대한 과학기술적인 측면, 재원의 확보를 의미하는 재정적 측면, 조직과 운영에서의 관리적 측면, 법이나 관습 등의 사회문화적 측면, 기획 실현에 필요한 시간적 측면 등을 고려한다. 대안의 선택은 최선의 대안을 선택하는 것이 바람직하지만 대안의 선택을 위한 객관적 평가의 기준을 도출하기는 쉽지 않다. 따라서 실제로는 주요 이해관계자의 만족도와 같이 평가를 대표할 수 있는 기준을 바탕으로 대안을 선택하는 것도 하나의 방안이 될 수 있다.

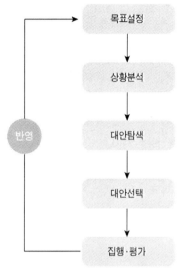

〈그림 2-6〉 일반적 기획과정

끝으로 선택한 대안은 구체적인 실행계획으로 발전한다. 선택 대안과 실행계획은 집행과정에 만날 수 있는 한계와 제약을 극복할 수 있도록 적절히 관리하고 통제하며 평가할 수 있어야 한다. 집행과정에서의 이러한 통제와 평가는 상황에 따라 수단을 변경하거나 목표를 쉽게 달성할 수 있도록 이끄는 힘이라고 할 수 있다. 그리고 통제와 평가는 목표의 변경을 위한 근거를 제시함으로써 상황을 극복하고 최종적으로 개최목적의 달성이라는 과제 해결에 도달할 수 있도록 돕는다.

2) 이벤트기획과정

이벤트의 기획과정도 전체적인 측면에서는 일반적 기획과정과 크게 다르지 않다. Allen *et al.*(2011)은 이벤트의 기획과정을 〈그림 2-7〉과 같이 제시한다. 이벤트기획과정은 이벤트의 개발 또는 유치 의도에서 시작하여 실행 가능성을 검토한다. 그리고 이벤트 개최 결정에 따른 실행조직의 구성과 전략적 기획으로 이벤트를 개최하고 사후자산의 관리까지 아우르는 포괄적인 이벤트기획과정으로 이어진다.

사후자산
Legacy, 事後資産
사후자산은 특히 메가이벤트 개최 후에 남는 시설을 의미하였으나 지금은 메가이벤트 개최로 형성한 사회문화적 자산까지 포함한다. 그리고 메가이벤트의 성공을 사후자산의 효과적인 관리까지 확장하여 설명하기도 한다. 이는 메가이벤트 개최의 궁극적 목적을 고려할 때 당연한 전략 방향의 설정이라고 할 수 있다.

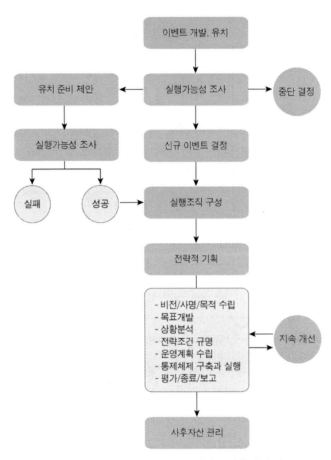

<그림 2-7> Allen *et al.*의 이벤트기획과정[29]

그리고 이경모(2004)가 제시한 이벤트기획과정은 〈그림 2-8〉과 같이 이벤트의 개최 필요성에 따라 개최목적을 설정하고 환경분석과 시장조사를 통해 이벤트의 개최를 결정하거나 외부 이벤트의 유치로 시작한다. 그리고 그 목적에 따라 목표를 설정하고 기본계획과 운영계획을 수립하여 이벤트를 실행함으로써 평가하는 과정으로 마무리한다.

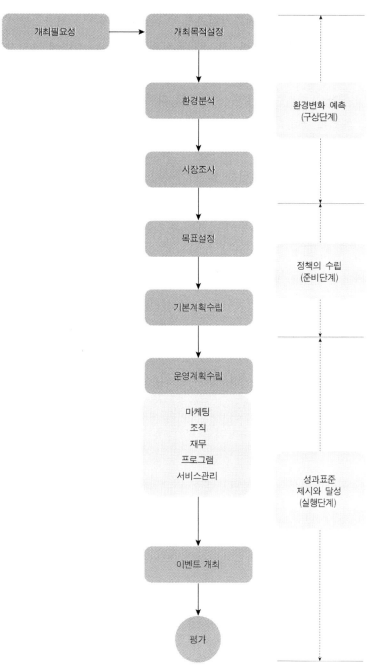

〈그림 2-8〉 이경모의 이벤트기획과정[30]

Allen *et al.*(2008)의 이벤트기획과정은 주로 중앙정부나 지방정부가 개최하는 것에 중심을 두고 있다. 그 개최목적은 국가 또는 지역에 긍정적인 파급효과를 가져오는 것이다. 특히 마지막 단계로 제시한 사후자산의 관리는 이벤트 개최로 설치한 다양한 시설 인프라에 대한 개최 후 활용은 물론 이벤트의 개최를 통하여 새롭게 만든 사회문화적 자산의 보전과 활용을 의미한다. 사후자산의 관리에 대한 고려는 최근에 더욱 강조하는 중요한 개념으로 이벤트 개최를 준비하는 첫 단계부터 함께 시작한다.

〈그림 2-7〉에서 제시하는 기획과정의 틀은 정부 차원의 대규모 이벤트뿐만 아니라 기업이나 단체 등의 마케팅을 위한 소규모의 이벤트에도 적용할 수 있다. 특히 외부 이벤트의 유치 부분을 제외하면 기업의 촉진 활동을 위한 이벤트의 기획과정에 적용할 수 있고 사후자산 관리도 이벤트의 개최로 획득한 정보, 성과 등의 결과물을 기업마케팅에 지속해서 활용하는 개념으로 대체할 수 있다. 한편 전략적 기획과정의 내용을 살펴보면 앞에서 제시한 일반적 기획과정과 유사하다는 것을 확인할 수 있다.

〈그림 2-8〉에서 살펴본 이벤트의 기획과정은 이벤트 개최의 필요성 인지에서부터 출발하고 있다. 이벤트의 개최 필요성이 제기되면 개최목적을 설정하고 실행 가능성 조사에 착수하며 그 시점에서 새로운 이벤트를 만들 것인지 아니면 외부 이벤트를 유치할 것인지를 결정한다. 실행 가능성 조사는 개최지 적합성, 비용편익분석, 환경영향평가, 리스크평가 등으로 이루어진다.

기획과정을 업무에 따라 3단계로 요약할 수 있다. 첫 단계는 환경의 변화를 예측하고 대응하기 위한 기획의 구상단계이다. 이는 개최자 또는 기획자가 이벤트의 개최목적을 설정하는 과정에서부터 내부자원과 외부환경을 검토하는 환경분석의 과정, 그리고 참가대상에 대해 시장조사 하는 과정까지이다. 다음으로 구체적인 목표를 설정하고 기본계획을 수립하는 과정은 기획의 준비단계로 정책 수립의 과정이다. 마지막으로 상황에 따라 부문별로 운영계획을 수립하고 적용하여 이벤트를 개최하고 최종적으로 평가하는 과정은 이벤트의 구체적 성과목표를 제시하고 달성하는 이벤트의 실행단계이다.

3) 이벤트기획과정과 대행사의 업무

이벤트는 개최자가 개최 필요성을 조사하고 확인함으로써 시작하지만, 이벤트의 실행단계는 기존의 조직이나 상설적 조직으로 수행하기보다 임시조직 또는 전문적인 업무수행 능력을 보유한 대행사에 의해서 이루어지는 경우가 많다. 전문적인 이벤트대행사는 다양한 업무수행의 경험을 바탕으로 경쟁 입찰 또는 협상 과정을 거쳐 주어진 과제를 수행한다. 따라서 개최자와 대행사의 관계에 있어 이벤트기획과정이 어떻게 이루어지는지를 살펴볼 필요가 있다.

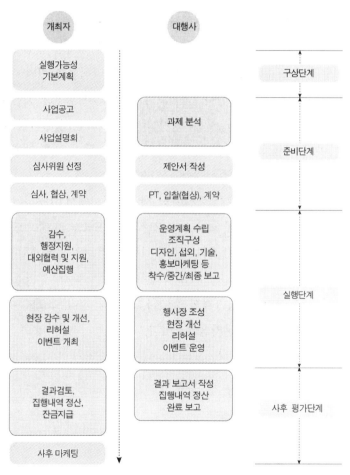

〈그림 2-9〉 이벤트기획과정과 대행사 업무

〈그림 2-9〉를 보면 개최자가 이벤트의 필요성을 인지하고 실행가능성을 검토함으로써 기본계획을 수립한 이후의 단계부터 대행사가 본격적으로 참여하는 것을 알 수 있다. 최근에는 구상단계(여기서는 대행사의 관점에서 기본계획의 수립까지를 구상단계로 설정한다)에 함께 참여하는 대행사도 많아지고 있다. 그렇지만 그러한 경우에도 대부분은 구상단계와 이후의 실행단계는 서로 분리하고 경쟁 입찰 등을 통해 별도의 사업으로 추진하는 것이 일반적이다.

그리고 대행사 관점에서의 준비단계는 일차적으로 대행사로 선정되고 계약 내용을 협상하며 업무와 조직을 확정하는 과정까지라고 할 수 있다. 다음으로 실행단계는 주최자와 대행사 그리고 다른 이해관계자가 총력을 집중하는 단계이다. 실행단계는 계약 내용에 따라 구체적인 실행계획을 수립하고 프로그램을 준비하고 행사장을 조성하며, 리허설을 거쳐 이벤트를 개최하는 운영과정으로 구성한다. 끝으로 결과 보고와 정산을 통한 마무리 과정인 평가단계를 진행한다. 물론, 평가를 위한 자료는 실행과정 중에 수집한다. 나아가 행사 완료 이후에 이루어지는 홍보 등의 사후 마케팅을 대행사 업무에 포함하여 계약하는 예도 있다.

참고로 공공기관에서 발주한 행사용역 제안요청서에서 요구하는 이벤트 기획 요소의 중요도 순위 중 상위로 나타난 몇몇 요소들의 중요도 순서는 다음과 같다.[31] 가장 중요한 것은 내용구성이고 다음은 재무계획 ⇨ 장소구성 ⇨ 시스템 ⇨ 운영조직 ⇨ 홍보 ⇨ 준비조직 ⇨ 목적 ⇨ 영접계획 ⇨ 행사일정 ⇨ 과제설정 ⇨ 평가계획 등이다. 그렇지만 이 중요도는 이벤트의 유형이나 목적에 따라 달라질 수 있다.

Chapter

03

Event planning

구상단계

구상단계

이벤트 개최를 위해 이벤트기획을 시작하는 구상단계에서 가장 먼저 검토하는 것은 각 이해관계자의 관점에서 의견을 청취하고 이벤트 개최의 필요성이 있는지를 확인하는 것이다. 이벤트의 개최 필요성을 확인하면 주최자는 이벤트의 실제적인 실행가능성을 다양한 방법으로 검토하고 기본구상을 수립하여 이벤트 개최의 방향을 제시한다.

1. 이벤트 개최의 필요성

1) 개최 필요성의 검토

개인이든 국가든 누구든지 필요에 따라 이벤트의 개최를 고려할 수 있다. 개인에게 있어서는 생일이나 결혼 등의 축하가 이벤트 개최의 필요성으로 작용할 것이고 친목 단체나 협회 등도 그들 모임의 활성화나 친목 도모 등을 위해 이벤트 개최의 필요성을 제기한다. 또한, 지방자치와 지역사회의 역할을 강조하는 요즘 지역민의 삶의 질을 개선하고 주체적 의식을 고양하며 위락적, 체육적 목적이나 기타 사회문화적 관점 그리고 경제적 관점에서 각급 정부는 이벤트 개최의 필요성을 제기한다.

그리고 기업을 중심으로 경제적, 사회적 활동을 다양하게 펼치고 있는 오늘의 사회에서는 기업의 필요에 따라 발생하는 수많은 이벤트를 찾아볼 수 있다. 기업들은 자사의 제품과 서비스의 촉진을 위한 효과적 수단으로 이벤트를 인식하고 있다. 또한 업무의 관리, 직원에 대한 동기부여와 훈련의 수단, 이해관계자와의 소통을 위해 이벤트를 활용하고 있다. 그리고 공공이벤트의 개최에 참여하여 사회공헌과 기업시민으로서의 가치실현을 표현함으로써 긍정적인 마케팅 효과를 획득한다.

한편 국가적 차원이나 국제적 차원에서 여러 목적으로 많은 이벤트를 개최하고 있으며 그 필요성은 개최성과를 통해 재확인할 수 있다. 많은 국가의 중앙정부는 이벤트를 직접 개최하거나 적극적으로 지원하고 국제적 이벤트의 유치를 후원함으로써 선도적 역할을 하고 있다. 그리고 공공이벤트를 위한 공간을 마련하고 관련 시설을 설치하거나 제도를 정비함으로써 도시재생의 도구로 이벤트를 활용하고 있다.

2) 정부의 관점

각급 정부는 업무수행과 공공서비스를 제공하기 위한 수단으로 이벤트를 활용하고 있다. 예를 들어 국가는 정치, 경제적으로 주요한 국제회합을 유치하거나 개최하고 산업과 무역의 진흥을 위해 전시박람회나 문화공연이벤트를 활용하고 있다. 그리고 중앙정부는 지역사회에서 개최하는 국제적 수준의 스포츠이벤트나 문화공연이벤트를 지원하기도 한다. 지방자치단체도 전체 행정조직의 전방위적인 참여를 독려하고 주요 이벤트의 유치나 개최를 위하여 노력한다. 나아가 CVB, DMO, 이벤트 담당 부서, 전담법인(문화재단 등) 등의 실무조직을 구성하고 지원을 위해 법령을 제정하기도 한다. 그러한 지원으로 시민 삶의 질을 향상하고 경제적, 사회문화적 편익을 창출하기 위한 다양한 이벤트를 개최한다.

이벤트의 개최와 관련한 정부의 역할은 행사개최를 위한 공공시설의 설치, 운영과 관리, 이벤트, 특히 국제적 이벤트의 개최에 대한 승인과 규제, 공공서비스(행정, 전기, 수도, 교통 등)의 제공, 사안에 따른 법적 또는 재정적 지원 등을 포함한다. 그리고 이벤트 개최조직에 대한 직접적 참여와 더불어 전체적 수준에서 각 이벤트와 개최지에 대한 마케터로서의 역할을 담당하기도 한다.

정부가 이벤트를 개최하는 전략적 수준의 정책적 목표는 국가브랜드자

CVB
Convention & Visitor's Bureau
DMO
Destination Marketing
Organization

CVB는 컨벤션산업 진흥과 관광객 서비스를 목적으로 설립하는 기구로 컨벤션 유치와 개최를 지원하고 해당 관광목적지의 마케팅을 전개한다. 최근에는 도시마케팅의 개념으로 확장하여 DMO로 바뀌고 있다. 우리나라에서는 MICE산업을 지원하는 주요 기구로 활동하고 있다.

MICE는 Meeting, Incentives, Convention, Exhibition 등의 머리글자이다.

산의 제고, 도시기획, 지역사회에 대한 문화서비스, 경제개발, 관광 활성화 등에 초점을 맞춘다. 정부가 이벤트에 대해 포괄적인 관점에서 전략을 수립하는 이유는 각각의 이벤트에 대한 정부의 관여 수준을 조정하고, 한정 자원의 국가적 활용과 분배를 위한 계획을 수립하며, 이벤트의 파급효과를 측정하고 개선하고자 하는 것이다. 정부의 이러한 이벤트 전략은 정책에 따른 적합성을 기준으로 기반시설, 자원, 조직, 프로그램 등에 대한 구체적인 배분 등의 목표를 설정한다. 전략에 따라 각각의 이벤트는 전체적인 수준에서 포트폴리오의 구성요소가 되거나 연간 프로그램을 구성하는 형태로 개발한다. 더불어 이벤트는 각급 정부의 정책 홍보나 정권 재창출의 정치적 목적을 위해 활용하기도 한다.

도시재생과 재건의 강력한 도구로 주목받고 있는 이벤트는 도시개발의 추동력으로 작용하고 재정투입과 개인 투자의 촉진제 역할을 한다. 그리고 지역사회에서는 이벤트를 지역(도시)기획, 상업, 예술과 문화, 관광 등과 전략적으로 통합함으로써 공공의 축하와 의례를 위한 시공간을 제공한다. 그리고 도시의 이미지 개선과 새로운 삶과 번영에 도움을 줌으로써 도시개발의 강력한 후원자로 역할을 한다.

3) 기업의 관점

기업에서는 구성원의 사기진작, 사업의 과정, 수익의 증대 그리고 사회적 역할 등을 위해 이벤트를 활용하고 있다. 이벤트의 목표대상을 기준으로 내부 구성원에 대한 이벤트와 외부 고객에 대한 이벤트로 나눌 수 있다. 구체적인 이벤트 개최의 필요성으로는 경영관리, 기업내외부 소통, 훈련, 마케팅, 보상, 노사나 고객과의 관계 형성과 개선, 사회적 연계 등을 상정할 수 있다.[32] 기업은 수익의 추구라는 기본적 속성에 따라 이벤트 개최의 필요성과 효과를 투자 대비 효과(ROI)의 측면에서 파악한다. 구체적으로는 참가자의 만족도, 매출액 증대 등의 이벤트 개최에 따른 성과를 확인하기 위하여 참가자의 수, 가망고객 확보량, 판매량이나 판매금액, 태도나 인식

ROI
Return On Investment
투자수익(이익)률 또는 투자자본수익률이라고도 한다. 미국 화학회사인 듀퐁사의 사업부 업적평가를 위해 활용한 것을 처음으로 하여 전체 경영관리 성과의 평가와 계획, 내부통제, 지원 배분의 결정, 이익에 대한 예측, 채권자와 투자자에 대한 경영성과의 제시 등 다양하게 활용하고 있다.

의 변화, 브랜드인지도나 브랜드이미지의 향상 정도, 매출 증감 등으로 확인한다.

4) 지역 사회적 관점

지역사회의 이벤트는 지역 내부와 지역 간의 교류, 사회적 유대, 신규 조직의 구성 등을 통해 사회적 자본과 지역복지를 창출하고 지역민의 창의성을 증진하며 문화습득과 고용증대의 기회 등을 제공한다. 지역사회에서 이벤트를 개최하면 지역민의 주체적 의식을 강화하여 지역의 정체성에 대한 건설적 논의와 지역적 우선순위에 대한 논의가 이루어진다. 그리고 지역 의례에 대한 옹호가 높아지고 상급 정부에 대해 지원을 요청할 수 있는 계기로 작용한다. 반면 지역민이 이벤트 참여에 소외되거나 개최 혜택이 특정 집단에 집중될 때는 오히려 갈등으로 이어질 수 있다.

지역사회의 이벤트는 소속한 지역민에게 비일상적 체험과 사회적 교류의 기회를 제공하고 건강과 복지 그리고 일자리를 제공하기도 한다. 개인은 지역사회 이벤트의 경험을 통하여 창의적 활동과 자아 표현의 기회, 사회화 과정, 다른 구성원과의 유대증진과 관계의 확장, 기술개발의 기회 등을 획득한다.

대규모 이벤트를 지역사회에서 개최하면 다수의 외래 방문객이 유입되어 문화접변에 따른 변화를 경험한다. 그리고 지역의 자긍심이 고양되고, 경제적 활성화가 이루어지는 등 긍정적 파급효과가 나타난다. 하지만 교통과 주거환경은 혼잡해지고 지역민이 상대적으로 소외되는 부정적 효과도 함께 초래한다.

지역사회에서 개최하는 이벤트를 바람직하게 진행하기 위해서는 이벤트의 준비, 실행, 평가의 모든 과정에 지역민이 쉽게 참여할 수 있어야 한다. 무엇보다 지역사회의 이벤트는 지역의 가치를 표현하고 지역의 갈등과 분열의 해소에 이바지하는 것을 지향한다. 구체적으로 참여 편의를 제공하고, 의견의 제시통로를 개설하며, 참여프로그램과 참여를 독려하는 정책을 개

문화접변
acculturation
서로 다른 두 문화체계의 접촉으로 문화 요소가 전파하여 새로운 양식의 문화로 변화하는 과정이나 결과를 말한다. 그 변화는 관습과 믿음, 인공물 등 사회 전반에서 다양하게 나타난다.

발하여 시행한다. 그리고 자원봉사활동의 기회를 제공하고, 능력계발정책을 시행하며, 이벤트 참가자 모임을 지원한다. 또한 지역사회에서 개최하는 이벤트는 지역산업과 연계할 방법을 모색함으로써 이벤트의 역동성을 높일 수 있다. 참고로 여기서 지역사회를 사이버공동체로 치환하면 이벤트 개최에 대한 on-off 연결의 새로운 시사점을 얻을 수 있다.

2. 실행가능성의 검토

이벤트 개최의 필요성을 확인하고 이벤트 개최의 목적을 설정하면 이벤트를 실제로 실행할 수 있는지를 검토한다. 검토 내용에는 필요한 예산의 규모와 재정적 능력, 필요한 관리적·기술적 능력, 행사장의 수용 능력, 개최지 파급효과, 인원이나 장비 등의 지원 능력, 예상 참가자, 필요한 기반시설, 정치적 지원 수준, 과거의 실적 등을 포함한다.

실행가능성의 검토는 다른 말로 타당성 분석(feasibility analysis)이라고도 한다. 이는 기본적으로 재무적, 법적, 기술적 타당성을 분석하는 것을 의미한다. 실행가능성의 검토를 위한 구체적인 방법은 적합성분석, 비용편익분석, 환경영향평가, 리스크평가 등으로 이루어진다.

1) 적합성분석 suitability analysis

적합성분석은 주로 개최지와 개최하고자 하는 이벤트의 성격과 어울림을 살펴본다. 그중 물리적 적합성분석은 지리, 시설, 교통 등을 확인하고 문화적 적합성분석은 개최내용의 사회문화적 수용 가능성을 검토하며 경제적 적합성분석은 경제적 차원에서의 가용 가능성을 검토한다.

2) 비용편익분석 cost-benefit analysis

비용편익분석은 재무적 타당성 분석이라고 할 수 있다. 계획한 비용을 투입했을 때 산출할 수 있는 편익이나 혜택을 양적으로 분석하여 이벤트 개최목적과 기대에 충족하는지를 확인한다. 대표적으로 활용하는 것은 실행가능성 분석이다. 양적 기준은 화폐가치를 바탕으로 이루어지기 때문에 화폐가치로 환산할 수 없는 편익은 대리변수로 분석한다. 예를 들어 특정 지역에서 개최하는 이벤트에 참가하는 시간적 가치는 참가에 필요한 교통비를 대리변수로 정해 측정할 수 있다. 때에 따라서 비용편익분석의 편익 항목을 목표 성취도를 의미하는 효과 항목으로 바꾸어 비용효과분석(cost-effectiveness analysis)으로 변경할 수 있다. 다만 이 경우에는 대안 간의 객관적 비교가 쉽지 않은 단점이 있다.

이벤트의 비용편익분석은 이벤트의 개최를 위해 투입하여 산출하는 모든 내용을 포함한다. 이벤트를 1년 안에 준비하고 1회 개최로 마무리할 때는 타당성 분석에 사용하는 화폐가치의 회계연도 기준이 해당 1년이므로 크게 고심할 필요가 없지만, 준비기간이 길어지는 올림픽 등의 메가이벤트나 반복적으로 개최하는 이벤트의 경우에는 설정한 사업 기간의 모든 비용을 현재가치(present value)로 환산하여 같은 기준으로 비용편익분석을 실시한다.

비용편익분석은 순현재가치(NPV, net present value), 편익비용비율(benefit/cost ratio, B/C ratio), 내부수익률(internal rate of return, IRR) 등을 판단기준으로 사용한다. 순현재가치(NPV)는 이벤트 각 사업 기간의 편익(현재가치)과 비용(현재가치)의 차로 산출한 순편익을 모두 합하여 그 값이 0보다 클 때 이벤트 개최의 의미가 있다고 판단한다. 또한, 각 대안의 순현재가치를 비교하여 그중 가장 큰 값의 대안(사업)을 선택한다. 이때 현재가치는 사회적 할인율을 적용한다. 그렇지만 이벤트 대부분이 직접 획득하는 재정적 수익을 목적으로 하기보다 사회문화적 가치나 마케팅 효과를 목적으로 하는 경우가 많다. 따라서 비용효과분석에서 같은 결과를 산출한 경우에는 적은 비용의 사업을 선택한다. 그리고 순편익이 0보다 작은 경우에도 사회문화적 효과 창출에 목적을 두고 이벤트를 개최할 수 있다.

편익비용비율(B/C ratio)은 순편익을 양적 크기가 아닌 비율로 나타낸 것을 의미한다. 1보다 큰 경우 비용보다 편익이 더 많다는 의미이고 사업 간

대리변수
어떤 변화를 직접 측정하기 어려운 경우 그 변화를 반영할 수 있는 측정 가능한 다른 양적 변수를 이용한다. 측정하고자 했던 변화를 그 변수가 대신 설명하는 경우 그것을 대리변수라고 한다. 예를 들어 1인당 국내총생산(GDP)을 국민의 삶의 수준에 대한 대리변수로 사용하고 있다.

현재가치
현가라고도 하며 미래에 얻게 될 편익이나 비용(미래가치)을 예상하는 이자율(할인율)과 기간을 고려하여 조정한 값을 의미한다.

NPV
사업 기간에 얻는 순편익(편익-비용)을 현재가치로 계산하여 합계한 것이다.

사회적 할인율
할인율 중 공공사업에 적용하는 할인율을 의미한다. 공적인 외부효과를 고려할 때 민간할인율보다 낮은 할인율을 권장한다.

B/C ratio
편익의 현재가치와 비용의 현재가치의 비율

의 비교에서 더 큰 값의 대안(사업)을 선택한다. 순편익을 양적 기준으로 선택할 때 예산이 큰 사업으로 선정하는 오류를 줄임으로써 보다 객관적인 선택을 위한 것이다. 그렇지만 적은 예산의 사업에서 편익의 양이 아주 많아지면 지역에 미치는 그 편익의 실제 효과가 과장될 수 있다. 즉, 분자와 분모에 어떤 값을 포함하느냐에 따라 편차가 커져 오해가 발생할 수 있음을 주의한다.

위에서 순현재가치 계산은 고정한 할인율을 기준으로 분석을 했지만, 내부수익률(IRR)은 비용과 편익의 크기가 같아져서 순현재가치를 0으로 만드는 할인율의 값이다. 그렇게 산출한 내부수익률 값을 사회적 할인율의 값과 비교하여 그 값이 더 크다면 실현 가능한 사업으로 인정한다. 이 역시 서로 다른 대안과 비교할 때는 더 큰 내부수익률을 산출하는 사업을 선택한다.

3) 환경영향평가 environmental impact assessment

1980년대 후반 지속가능한 개발(sustainable development)에 대한 화두가 떠오른 이후로 환경영향평가를 본격적으로 적용하기 시작하였다. 미국에서 1969년 일찍이 법제화한 후 서구의 많은 나라에서도 법적으로 제도화하였다. 우리나라에서도 1977년 환경보전법을 시작으로 1993년 환경영향평가법을 별도로 제정하였다. 최근에는 환경정책기본법과 환경영향평가법을 통합하여 환경영향평가법으로 시행하고 있다. 평가는 전략환경평가, 소규모환경평가, 환경영향평가 등으로 나누어 실시한다.

우리나라 환경영향평가법에서 제시하고 있는 6가지 평가항목 분야는 자연생태환경 분야(동·식물상, 자연환경자산), 대기환경 분야(기상, 대기질, 악취, 온실가스), 수환경 분야(지표·지하의 수질, 수리·수문, 해양환경), 토지환경 분야(토지이용, 토양, 지형·지질), 생활환경 분야(친환경적 자연순환, 소음·진동, 위락·경관, 위생·공중보건, 전파장해, 일조장해), 사회경제환경 분야(인구, 주거와 이주, 산업) 등이다.

IRR

internal rate of return
순현재가치(net present value)가 영(零)이 되도록 하는 할인율이다. 비용편익분석에서 편익의 현재가치와 비용의 현재가치를 같게 만드는 할인율을 의미한다.

지속가능한 개발

Environment Sound and Sustained Development는 1987년 UN의 환경과 개발에 관한 세계위원회(WECD)가 발표한 'Our Common Future'에서 제시한 내용으로 미래의 세대가 이용할 환경과 자연을 훼손하지 않고 현재 세대의 필요를 충족하여야 한다는 것을 의미한다. 핵심적인 개념은 '세대 간의 형평성'과 '환경 용량 내에서의 개발' 등이다.[33]

이벤트 개최 시에도 올림픽이나 세계박람회와 같이 새로운 시설을 건립하거나 신규 교통망, 기타 기반시설의 건설이 필요하고 나아가 주변 관광지의 추가적 개발과 연계함으로써 환경영향평가가 필요하다. 그 밖에도 이벤트의 규모에 따라 사전재해영향성검토, 교통영향분석·개선대책 등도 함께 다룬다. 그리고 행사 중에 사용하는 일회용품의 소비, 기타 폐기물의 사용과 처리의 최소화, 에너지의 효율적 사용과 절약을 위해서도 노력이 필요하다. 또한, 이벤트에도 탄소발자국(carbon footprint, carbon label), 물발자국(water footprint), 생태발자국(ecological footprint), 생태용량(biocapacity) 등을 고려한 공인인증제도의 도입과 같은 인식의 전환이 필요하다.

4) 리스크 평가 risk assessment

이벤트의 리스크를 평가하는 방법은 사업과정에서 발생할 수 있는 리스크를 분류하고 목록으로 만드는 것에서부터 시작한다. 이벤트에서 고려할 수 있는 리스크는 재정, 운영, 안전으로 나눌 수 있다. 재정에 관한 사항은 준비와 개최를 위해 충분한 예산을 적정한 시기에 확보할 수 있는가와 비상 상황에 대처할 수 있는 예산의 확보가 가능한가이다. 그리고 운영에 관한 사항은 조직의 적정한 확보나 기술적 요소의 활용 등이다. 또한 안전에 관한 사항은 준비과정에서는 물론 행사장의 설치와 기술적인 요소의 적용과 군중 관리 등에서 필수적이다.

다음 순서로 목록으로 정리한 각 리스크가 얼마나 자주 발생할지 발생확률을 분석하고 어느 정도의 크기로 발생할 것인가라는 영향력을 파악하여 중요도를 결정한다. 결과적으로 각 리스크가 어떠한 파급효과를 지니는지 살펴본다. 이러한 리스크평가는 비용편익분석 시에 포함하여 리스크조정 할인률의 형태로 적용할 수 있고 적합성분석을 할 때도 하나의 변수로 적용할 수 있다.

탄소발자국

제품의 생산, 사용, 폐기의 전 과정에서 발생하는 이산화탄소(CO_2)의 총량을 의미하고 kg이나 심어야 할 나무의 수로 표시한다. 이산화탄소의 발생량을 줄이기 위한 노력을 세계적으로 전개하고 있다. 이것을 제조업, 서비스업뿐만 아니라 이벤트의 개최과정에도 적용할 수 있다.[34]

생태용량

인간의 삶(생태서비스)에 필요한 생산성 높은 토지와 바다 등을 지구가 얼마나 제공하고 있는지를 나타낸 것이다. 글로벌 헥타르(gha)로 표기한다. 세계적으로는 1.7배, 우리나라는 8.8배를 초과하여 소비하는 것으로 보고한다.[35]

3. 기본구상

이벤트의 기본계획을 수립하기에 앞서 개최의 전체적인 틀과 방향을 결정한 기본구상을 제시한다. 기본구상은 실행 가능성 검토를 바탕으로 다양한 전문적 의견과 이해관계자의 여론을 수렴하여 정리한다. 기본구상은 해당 이벤트 개최를 위해 합의한 목적을 제시하고 그 전략적 방향에 따라 개최의 대강을 제시하는 것이다.

기본구상에서 제시하는 내용은 개최목적과 주요 목표 항목, 예상 개최지와 개최장소, 예상 개최 시기와 주요 준비 일정, 주최와 주관, 목표대상, 이벤트의 주제와 주요 내용, 개최 형식, 예산 규모 등이다. 항목은 기본계획의 내용과 유사하다. 그렇지만 기본구상은 대략적이고 가변적인 것으로서 앞으로 진행할 환경분석과 시장조사를 방향을 가늠하고 기본계획 수립을 위한 전략적 기초자료로 활용한다.

1) 개최목적과 주요 목표 why

개최목적을 기준으로 이벤트기획과 관리 및 운영의 많은 부분을 결정한다. 따라서 이벤트 개최의 전략적 목적을 언명하는 것은 무엇보다 최우선 과제라고 할 수 있다. 참여한 주요 이해관계자들이 개최목적을 분명히 합의할 수 있다면 이벤트를 준비, 개최, 평가하는 과정에서 지속해서 상기하고 확인해야 할 개최 방향이나 기획 방향을 잘 설정한 것이라고 할 수 있다. 그리고 참가목표, 재정목표, 운영목표 등 주요 목표의 윤곽을 제시함으로써 기본구상의 나머지 검토사항을 설정하기 위한 기준으로 삼을 수 있다.

2) 개최지(site)와 개최장소(venue) where

개최지의 선정은 기존의 좋은 이미지, 그리고 행사와 관련한 지명도와 적합성, 접근성과 주변 환경, 공공기반시설 등을 고려한다. 그리고 개최장소는 인허가 조건과 이용료, 참가자의 수용 규모, 쉬운 동선 관리, 지원시설과 부대시설 등을 검토하여 선정한다. 개최장소는 환경분석이나 시장조사를 바탕으로 변경할 수 있고 기존 시설을 개축하거나 새로운 건립을 제시할 수도 있다.

3) 개최 시기와 준비 일정 when

개최 시기를 고려하기 위해서는 계절적 시기와 기후, 이벤트에 참가하는 목표대상의 여건이나 상황, 국내외의 사회문화적 환경, 경쟁 이벤트의 상황, 해당 시기의 개최장소 활용 가능성 그리고 충분한 준비기간을 확보할 수 있는지를 검토한다. 준비기간은 가용자원과 부존자원을 확보할 수 있는 기간, 충분한 마케팅 기간 그리고 시설물 등의 설치기간, 행사장 조성 기간 등을 포함한다.

4) 이해관계자(주최, 주관, 후원, 협찬) who

이벤트가 어떤 조직이 개최하는 것이고 각각의 이해관계자는 누구인지를 식별할 필요가 있다. 특히 이벤트의 주최자는 이벤트의 목적과 개최 방향을 설정하고 주관자는 이벤트의 실행을 현실화하는 조직이라는 의미에서 중요하다. 이때 주최자와 주관자는 같을 수 있다. 또한, 주최자와 주관자는 각각의 단일조직인 경우도 있지만 서로 다른 조직이 연합하여 이벤트를 주최하거나 주관할 수 있다.

이벤트의 후원(sponsor)은 정부기관, 지자체, 언론단체, 비영리단체 등이 이벤트 개최에 지지와 도움을 주는 경우 후원의 명칭을 사용한다. 원칙적으로는 상업적 목적이나 금전적 대가 없이 재정적 지원이나 명칭의 공식적 사용을 허가한다. 후원자는 공익적 이벤트에 후원으로 참여함으로써 긍정적 이미지를 높이거나 정책 홍보 등 이벤트를 마케팅 수단으로 활용할 수 있고 이벤트개최자는 재정적 도움이나 공신력을 확보할 수 있다.

협찬(sponsor)은 이벤트의 재원을 확보하기 위해 기업이나 단체를 상대로 금전, 물품, 서비스(용역) 등의 자원을 확보하고 그 대가로 이벤트를 마케팅 수단으로 제공하는 것이다. 최근에는 후원과 협찬이 영어단어가 같은 것처럼 포괄적인 개념에서 기업의 협찬도 후원으로 명명하여 후원사라고 하기도 한다. 후원이나 협찬은 기본구상 단계에서는 포함하지 않았다가 기본계획이나 이벤트의 실행을 준비하는 과정에서 포함되는 경우가 더 일반적이다.

5) 목표대상(stakeholder) whom

이벤트의 목표대상은 개최목적과 목표에 따라 달라진다. 재정적 측면, 행정적 측면, 마케팅 측면, 운영 측면 등에 따라 목표대상이 달라진다. 이벤트 개최의 전체적 측면에서 이해관계자(stakeholder)는 관리자의 목표대상이라고 할 수 있다. 목표대상은 시장세분화에 따라 이루어지는 목표설정과 포지셔닝의 과정에서 더 구체화한다. 목표대상에는 행사의 일반적인 참가자(visitor)는 물론 행사 운영의 참여자(participant)도 포함한다.

참가자(visitor)와 참여자(participant)
여기서 참여자는 자원봉사, 출연자 등 행사의 운영에 있어 일정한 역할을 담당하는 자를 말하고 참가자는 행사의 운영과 상관없이 일반적으로 행사에 참석하는 모두를 말한다. 범위로 보면 참가자는 참여자를 포함한다.

6) 이벤트의 주제와 주요소재 what

개최목적에 부합하는 이벤트의 주제와 주요소재는 이벤트 개최의 이유를 명확하게 드러내고 참가자를 이벤트로 이끄는 중요한 역할을 한다. 그리고 주제와 주요소재는 이벤트의 개최 형식과 방법을 결정하는 단서를 제공한다.

예를 들어 지역의 경제 활성화를 목적으로 해당 지역의 ○○특산물 축제를 개최하려고 한다면 ○○특산물은 해당 이벤트의 주요소재라고 할 수 있다. 주제는 해당 특산물의 이미지를 부각하고 참가자를 흡인할 수 있는 내용으로 함축하여 제시할 수 있다.

7) 개최 형식 how

이벤트의 주제와 소재를 바탕으로 개최목적을 가장 잘 실현할 수 있는 개최 형식과 방법을 선정하여 이벤트의 프로그램을 구성한다. 예를 들어 스포츠를 소재로 이벤트를 개최할 때도 그 이벤트의 형식은 목적에 따라 전문적인 경기대회, 스포츠 산업전시나 문화공연, 심포지엄이나 컨퍼런스 등 특정 형식에 집중하거나 여러 형식을 조합하여 활용할 수 있다.

8) 예산 how much

끝으로 중요한 검토 부분으로 개최를 위해 필요한 예산 규모의 대략을 정한다. 활용 가능한 예산의 규모에 따라 이벤트의 개최 방법과 참가 규모 등 여러 목표를 설정함으로써 개최목적의 달성 방법이 달라진다.

예산의 설정에 포함하는 구체적 내용에는 직접적인 재정의 규모뿐만 아니라 간접적으로 활용할 수 있는 자원도 포함한다. 그리고 기본예산 이외에 지원금, 후원금, 협찬금, 수익금, 기부금, 예비비 등 예산 충당의 다양한 방안이나 가능성 그리고 수입, 지출의 시기를 대략 확인할 필요가 있다. 그리고 재무관리와 통제의 권한을 누가 가지고 있고 예산의 수입, 집행, 정산의 과정이 대략 어떻게 이루어져야 하는지를 확인할 필요가 있다. 그 밖에 경쟁상황, 세금과 이자, 보험, 환율변동, 경제 상황 등 외적인 요인도 예산 설정 시 고려 대상이다.

4. 기획 방향 설정

1) 기획 방향 설정의 의의

이벤트기획을 구체적으로 진행하기 위해서는 먼저 기획 방향의 설정이 필요하다. 그 내용은 위임사항과 임무의 확인, 비전과 운영원리의 설정, 기획목적의 수립, 쟁점(issue)의 규명, 구체적 목표의 제시 등으로 구성한다.

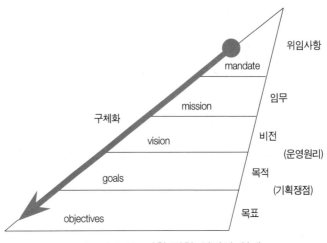

〈그림 3-1〉 기획 방향 설정의 위계

기획 방향을 설정하는 주요한 이유는, 첫째 기획의 중심과제가 무엇이고 기획내용의 선정기준이 무엇인지를 드러낸다. 둘째 기획을 실행할 때 전체적인 판단기준을 제시한다. 셋째 실행을 통하여 나타난 결과 또는 성과에 대한 평가 기준을 제시한다. 넷째 기획의 정당성을 부여하고 관리 운영의 기능을 강화한다.

2) 기획 방향 설정의 위계

기획 방향 설정에서 위계적으로 검토할 내용은 먼저 기획자에게 위임한 사항을 파악하고 기획의 임무가 무엇인가를 확인하는 것이다. 다음으로 기획의 비전을 규명하고 비전에 따른 운영원리와 이벤트의 개최목적을 설정하며 기획의 주요쟁점이 무엇인지를 확인한다. 끝으로 구체적인 목표를 제시함으로써 기획 방향의 설정을 마무리한다. 작은 규모의 이벤트기획에서는 개최목적과 목표를 설정함으로써 기획 방향 설정을 끝내는 경우가 많다. 그렇지만, 체계적으로 기획 방향을 설정한다면 조직원이 공유할 수 있는 사명감과 비전 의식을 향상하고 이벤트가 추구하는 목적을 더욱 효과적으로 달성할 수 있다.

3) 위임사항 mandate

이벤트기획자는 내부 또는 외부의 주최자에 의해 기획에 관한 사항을 위임받아 기획을 진행한다. 그러한 위임사항은 기획조직의 존재 목적이나 활동에 대하여 외부(주최자)에서 규정한 내용이라고 할 수 있다. 〈표 3-1〉에 특정 업무의 외부 위임사항에 대한 예시를 제시하였다.

〈표 3-1〉 위임사항 분류표 예시[36]

No.	위임사항	근거	요구사항	조직 내 적용	현재 상황
1	시장조사	계약 제3조 2항	신규 세분시장 제시	조사원 채용	기존자료 없음
2	일정관리	업무협약 제4조	업무분장 명시 2차 회의까지 완료	담당: ○○○과장	주요일정 공유
3					

위임사항으로 확인할 기본적인 내용 3가지는 기획조직이 해야 할 것, 할 수 있는 것 그리고 하지 말아야 할 것이다. 위임사항의 확인 과정은 관련 자료를 수집하고 분류하여 목록으로 작성한다. 그리고 자료를 분석하여 위임사항을 구체적으로 기술하고 조직원과 공유하는 것으로 이루어진다.

4) 임무 mission

임무는 위임사항에 따라 실천할 내용으로 조직의 기본적 존재 목적이자 존재 이유라고 할 수 있다. 임무는 기획조직을 구성한 목적과 실체를 규정하는 광범위하고 포괄적인 내용을 임무 선언을 통해 드러낸다. 임무 선언은 기획조직이 누구를 위하여 무엇을, 어떻게, 왜 하는가에 대해 간결하게 제시한다. 또한, 임무 선언은 다양한 견해에 대한 결의안이라고 할 수 있고 포괄적 태도의 선언이며 사회적 책임에 대한 표현이라고 할 수 있다. 따라서 고객지향적으로 표현한다.

임무를 기록한 임무 선언서는 이후에 설정할 개최목적이 일관성과 명확성을 지닐 수 있도록 지지한다. 임무 선언서는 실질적인 기획의 출발점이라고 할 수 있다. 이는 조직의 주체성을 확인하고 조직구성원의 목적의식을 높이며 고객지향의 조직 운영을 가능하게 한다.

임무 선언서의 내용을 살펴보면 '우리는 누구인가?' 하는 정체성, '누구를 위하여 일하는가?'는 목적대상, '무엇을 어떻게 하는가?'의 목적과 방법, '그것을 왜 우리가 하는가?'에 대한 이유를 포함한다.

좀 더 구체적으로 정체성은 독특하고 지속적인 조직의 주체성을 핵심적으로 드러낸다. 목적대상은 고객과 이해관계자를 명확하게 한다. 목적과 방법은 조직원에게 과제를 인식시키고 과제 해결의 사회적 정당성을 부여한다. 이유는 다른 조직과의 차별성을 드러냄으로써 해당 조직이 지닌 자원을 활용하여 업무를 수행하는 명분을 제시한다.

임무 선언서의 작성은 환경분석 그리고 고객과 이해관계자에 대한 분석 자료와 위임사항을 확인하는 것에서 시작한다. 따라서 임무 선언서의 작성은 조직의 기본목적 및 이해관계자의 욕구를 확인하고 기존 임무 선언서를 검토하여 초안을 작성한다. 초안에 대한 이해관계자의 의견을 수렴하여 임무 선언서를 확정하고 설명서를 작성하여 공표하고 공유한다. 이벤트 개최 시에는 임무 선언서를 공식적으로 작성하기보다 암묵적으로 공유하는 경우가 많지만, 조직의 정체성을 구성원이 확인하고 공유하는 데 도움을 주는 필수적인 작업이라고 할 수 있다.

〈표 3-2〉 임무 선언서 예시[37]

(담당 조직) OO대행사 기획2팀	은
(고객, 이해관계자) OO지자체	에게
(목적) 지역민의 문화복지 향상	을 위하여
(이벤트 명칭) OO축제	를 함으로써
(주요 내용) 국제적 수준의 공연 프로그램	을

제공함을 임무로 한다.

5) 비전 vision

기획 방향 설정에 있어 비전은 조직이 달성하고자 하는 바람직한 미래에 대한 개념적인 이미지를 제시하는 것이다. 비전의 제시는 조직의 주체성과 독창성을 표현한다. 다시 말하면 비전은 임무(mission)와 전략(strategy) 그리고 조직문화(organizational culture)의 결합이라고 할 수 있다.[38] 비전 설명서의 구체적인 내용에는 조직의 임무, 기본철학과 핵심 가치 그리고 문화적 특성, 조직목적, 기본전략, 성과의 기준, 중요 의사결정 규칙, 윤리기준 등을 포함한다.

비전의 제시로 얻을 수 있는 주요한 긍정적 효과는 준비하는 현재와 희망하는 미래 사이의 긴장을 유지하고 바람직한 조직변화의 동인을 제공함으로써 성과 지향적 조직을 구축할 수 있도록 한다. 그리고 비전은 조직이 나아갈 방향인 로드맵을 제시함으로써 선택과 집중을 가능하게 하고 제시한 목표를 공유할 수 있는 원동력이다. 비전의 제시를 통해 조직의 독창적 철학을 설정함으로써 조직원 간의 신뢰 형성과 조직에 대한 헌신을 높이는 데 이바지한다. 그 밖에도 비전은 전체적 시각으로 조직원의 사고와 행동을 확대하고 의사결정과 성과평가의 주요한 지침으로 역할을 한다. 합의한 비전은 조직관리의 중요 수단으로 작용함으로써 자기통제, 행위의 정당화, 갈등 완화를 가능하게 한다.

비전은 위임사항과 임무를 바탕으로 초안을 작성한 후 조직 내 토의를 거쳐 확정한다. 비전선언문은 짧고 명확하게 작성하고 간단한 비전 설명서를 별도로 첨부하여 보충한다. 비전의 내용은 첫째, 바람직한 높은 이상을 제시하여 영감과 도전 의식을 높인다. 둘째, 명확한 미래를 보여준다. 셋째, 삶의 질을 고양하는 만족도 높은 감동을 제시한다. 넷째, 비전은 전략적 계획의 맥락 안에서 임무 수행을 독려한다. 다섯째, 바람직한 방법의 도출과 전략 수립의 지침이 될 수 있도록 한다. 마지막으로 앞의 〈그림 1-5〉 기획의 단계에서 살펴본 것과 같이 비전은 쉽게 변동하지 않는 장기적 지속성을 지향한다.

6) 운영원리 principles

기획조직의 운영원리는 구성원의 성격, 운영과정 및 성과에 대한 조직의 태도와 가치를 표현하는 것이다. 즉, 주어진 임무를 비전에 따라 어떠한 원칙에 따라 수행할 것인가를 기술한 핵심적 가치와 철학이다.

운영원리는 조직과 조직구성원의 행동 방법에 대한 원칙을 제시하는 것이고 사람, 과정 그리고 성과에 관한 내용을 표현한다. 사람에 관한 내용은 조직구성원과 고객에 대한 태도이다. 과정에 관한 내용은 조직관리, 의사결정, 생산물과 서비스의 제공 등의 방법이 나타난다. 성과에 관한 내용은 책임 사항 및 결과물 그리고 서비스의 질과 관련한 기대를 제시한다.

운영원리의 설정하기 위해서 위임사항, 임무 및 비전 선언에 관련한 자료를 검토하고 조직문화를 조사하여 현재 조직 운영의 핵심 가치나 운영원리를 평가한다. 그 후, 주요 이해관계자의 의견을 수렴하여 핵심적 가치와 운영원리를 10가지 내외에서 선택한다. 선택한 내용은 조직 내 토론을 거쳐 5가지 이내로 축소한 최종 운영원리를 결정하고 설명서를 첨부하여 실천을 위해 공유한다.

단기적 준비로 개최하는 소규모 이벤트기획에서는 많은 경우 운영원리의 새로운 설정은 생략하고 조직의 기존 규범에 따라 업무 활동을 수행한다.

7) 목적 goals

기획 방향에서 목적은 조직이 달성하고자 하는 바람직한 미래에 대한 폭넓은 결과를 제시한다. 이를 통해 조직 활동의 명확한 방향이나 초점을 제공함으로써 기획의 내용을 구체화하기 위한 기본적인 틀을 제공한다.

목적은 조직행위의 방향성과 중요성을 알리고 다양한 갈등의 해결을 위한 기준을 제공하며 강력한 통제 수단으로 작용한다. 그리고 조직과 이해관계자의 공동체 의식을 형성시키는 역할을 한다. 목적은 하위단위의 다양한 목표들을 통합하는 것은 물론 상부 권위의 하부 위임을 쉽게 하고 분권화를 촉진한다.

바람직한 목적이 갖추어야 할 조건은 첫째, 구체적인 결과 또는 성과를 지향한다. 둘째, 조직의 활동 방향을 제시할 때 위임사항, 임무는 물론 상위 계획이 제시하는 전략적 방향과 일치하도록 한다. 셋째, 환경의 변화에서도 쉽게 변하지 않는 지속성이 있어야 한다. 넷째, 조직이 처한 내외적 환경의 맥락 안에서 목적을 설정하고 그 안에서 목적의 우선순위도 결정한다. 다섯째, 목적은 조직의 능력의 범위 안에서 실현할 수 있도록 설정하고 도전의식을 고취하여 동기를 부여할 수 있도록 한다. 끝으로 목적은 5개 이하로 설정하는 것이 바람직하고 단기적인 소규모 이벤트기획에서는 단일한 목적에 집중하는 것이 효율적이다.

목적을 확인하고 설정하는 대표적인 방법은 창의적 접근, 분석적 접근, 가치 지향적 접근 등이 있다. 창의적 접근방법은 결정자의 주관적 판단을 중시하는 방법으로 구체적으로는 델파이나 브레인스토밍 기법 등을 이용하여 다양한 이해관계자의 견해를 반영함으로써 참여적 합의를 통해 목적을 도출한다. 분석적 방법은 환경분석 등을 통해 자료를 수집하고 분석하여 목적을 선택하는 것으로 귀납적인 접근방법을 통해 목적을 도출한다. 끝으로 가치 지향적 접근방법은 벤치마킹, 사회경제적 지표, 규범과 관례적 기준을 적용하여 조직의 가치를 표현하는 것으로 연역적인 접근방법으로 목적을 도출한다.

8) 기획쟁점 issues

기획쟁점은 조직이 임무나 목적의 달성을 위하여 극복해야 할 과제라고 할 수 있다. 기획쟁점이 명확하게 드러나는 지점은 통제가 어려운 외부의 위협에 마주함으로써 임무나 목적의 달성이 어려워지거나 불가능한 경우다. 임무의 수행에서 기술, 예산, 인사, 관리, 정치적 요인 등에 변화가 있을 때 기획쟁점이 나타난다. 때에 따라서는 사업의 전제조건인 위임사항이나 임무가 변화함으로써 조직과 자원 등 많은 부분의 변화를 요구하면서 나타난다.

기획에서 여러 쟁점 사항을 확인해야 하는 이유는 조직이 일상적 업무에 매몰되기보다 중요한 사항에 집중할 수 있도록 도와주기 때문이다. 그리고 해결책 찾기에만 애쓰기보다 문제의 실체가 무엇인지를 먼저 인지할 수 있도록 도와준다. 그리고 제기한 기획쟁점을 확인함으로써 조직의 능동적 변화를 도모하고 조직의 실제적 참여를 끌어낼 수 있다.

기획쟁점의 유형을 시간상으로 나누어보면 즉각적으로 대응해야 하는 현행 기획쟁점, 체계적으로 준비해서 미리 대응할 수 있는 다가올 기획쟁점, 언제 나타날지 모르지만 지속적으로 대비해야 할 관리 기획쟁점으로 나눌 수 있다. 그리고 기획쟁점은 관리적, 단기적 측면에서 다루어야 할 운영적 기획쟁점과 포괄적, 장기적 측면에서 다루어야 할 전략적 기획쟁점으로 이분할 수도 있다.

조직의 기획쟁점이 무엇인가를 판단하기 위한 몇 가지 기준을 살펴보면 첫째, 임무나 목적에 관련한 기획쟁점이 있다. 이는 만약 해결하지 않으면 임무나 목적 자체를 달성할 수 없고 그 영향 정도가 강할수록 중요한 기획쟁점이라고 할 수 있다. 둘째, 기획쟁점은 해결 가능성이 있고 시간적 긴급성이 높을수록 주요한 기획쟁점이다. 셋째, 기획조직의 임무와 목적의 달성에 위협으로 작용하는 제반의 환경요소도 기획쟁점으로 고려한다. 끝으로, 기획과정의 바람직한 완성을 위해 먼저 해결해야 하는 핵심적 과제가 우선적 기획쟁점이라고 할 수 있다.

기획쟁점을 찾아 제시할 때는 해결책을 제시하기보다 기획쟁점의 실체를 더욱 정확하게 분석하고 정의할 수 있어야 한다. 그렇게 함으로써 기획과정을 전략적 차원에서 접근할 수 있도록 도와준다. 그리고 기획쟁점을 선정할 때는 기획과제의 해결이라는 좁은 관점보다 궁극적으로 참가자의 욕구 해결을 지향한다는 넓은 관점에서 접근한다. 더불어 기획쟁점의 선정은 과제를 둘러싼 이해관계와 갈등의 합리적 해소 과정임을 인식해야 한다. 그리고 기획과정은 미래를 향하는 것이지만 기획쟁점은 현재와 미래의 균형에 주목한다. 또한, 기획쟁점의 긴급성보다는 중요성에 따라 과제를 다룬다. 마지막으로 기획쟁점을 정의할 때는 명확하고 구체적으로 표현함으로써 선택과 우선순위 결정에서 오해와 갈등의 여지가 없도록 한다.

예를 들어 현금 유동성 부족을 기획쟁점으로 제기하면 먼저 현금을 확보하는 방법을 찾기보다 기획쟁점의 유형과 원인부터 파악한다. 즉, 선입금하지 않으면 확보할 수 없는 자원과 같이 당장 현금이 필요한 현행 기획쟁점인지, 물품의 구매 시기의 조절 등 자금 유입 시점에 따른 다가올 기획쟁점인지, 그렇지 않으면 지속해서 수입관리의 주의가 필요한 관리 기획쟁점인지를 먼저 파악한다. 그리고 유동성 부족이 특정 사항에 국한한 것인지, 아니면 이벤트 개최의 전체에 영향을 미치는 기획쟁점인지를 파악한다. 또한, 그 쟁점의 발생이 예산의 부족에서 기인하는 것인지, 자금흐름의 시기에 따른 것인지 그리고 수입과 지출에 따른 유동성 부족의 발생 시점은 언제인지 등을 확인한다. 그러한 다각적인 검토를 통해 유동성 부족이라는 기획쟁점의 실체를 구체화함으로써 이벤트 개최에 있어 그 중요도를 가늠하고 효율적인 해결책을 도출할 수 있다.

9) 목표 objectives

기획 방향에서 목표는 목적으로 향하는 이정표로서 일정한 시점에서 달성해야 할 바람직한 미래의 결과나 상태를 의미한다. 따라서 목표는 결과 지향적일 뿐만 아니라 행위 지향적이라고 말할 수 있다.

목표에 대한 자세한 설명을 진행하기에 앞서 목적과 목표의 차이를 먼저 살펴보면 〈표 3-3〉과 같다.

목적은 광범위하고 추상적인 말로 표현하지만, 목표는 수량 등을 이용하여 구체성이 드러나도록 표현한다. 사용하는 용어의 정의에서도 목적은 공식적 언명에 치중하지만, 목표는 용어가 의미하는 바를 조작적으로 한정하여 결과의 측정을 계량할 수 있도록 한다. 달성 시간에 대해서도 목적은 불명료하지만, 목표는 특정 시점을 제시하여 측정할 수 있도록 기준점을 제시한다. 측정에 대해서도 목적은 질적 수준에서 판단하지만, 목표는 계량할 수 있는 성과로 드러난다.

〈표 3-3〉 목적과 목표[39]

구 분	목적	목표
구체성 정도	추상적 (축제로 지역경제를 활성화)	구체적 (축제로 지역생산을 10% 증대함)
용어 정의	공식적 (지역민의 참여로 축제를 활성화)	조작적 (축제의 활성화는 자원봉사자의 참여 수와 관련 있다)
달성 시간	불특정 (축제로 지역의 발전을 기대)	특정 (5년 내 방문객 백만 돌파)
측정 절차	질적 (축제 개최로 지역경제가 되살아났다)	계량적 (축제 개최로 지역민의 평균 소득이 10% 상승하였다)
대상 집단	포괄적 (젊은이를 대상으로)	구체적 (1318세대를 대상으로)

끝으로 목적의 대상 집단은 포괄적이지만 목표의 대상 집단은 구체적인 범위를 정한다. 그리고 목적, 목표, 실행의 위계는 〈그림 3-2〉와 같이 아래로 갈수록 구체성이 높아진다.

목적 goals	지역경제 활성화를 위한 올림픽 개최
목표 objectives	재정투입 확대, 신규 개발 투자유치 등
성과목표 targets	투자액 100억 유치 (D-2년)
실행방법 action	정부 보조금 50억, 민간투자 50억 유치
성과측정 evaluation	실제 투자유치액 정부 30억, 민간 40억

〈그림 3-2〉 목적, 목표, 행동의 위계와 예시[40]

(1) 목표의 설정

목표의 설정에서 먼저 검토해야 하는 것은 환경분석의 결과, 위임사항, 임무, 비전, 목적 등이다. 그 내용을 토대로 희망하는 최종결과를 정리하고 조직이 현재와 미래에 활용할 수 있는 가용자원의 양과 배분 기준을 바탕으로 달성 수준을 결정한다. 달성 수준을 결정하면 시간적 범위와 단계 그리고 성과측정을 위한 방법을 제시한다. 나아가 각 목표의 달성 책임자와 우선순위를 결정한다. 목표의 달성 책임자는 구체적인 성과지표를 개발하고 자원의 획득과 활용 등 위임한 목표의 달성과정을 관리한다.

목표는 결과를 표시함으로써 행위의 방향을 암시한다. 목표에는 무엇을, 어떻게, 언제, 누가 달성할지를 구체적으로 표현한다. 바람직한 목표설정을 위해 머리글자로 요약한 SMART라는 원칙을 많이 활용한다.[41] 나아가 최종적인 목적을 효과적으로 달성하기 위해서는 여러 가지 전술적 목표를 설정하는 것이 일반적이다. 따라서 중요도라는 원칙을 하나 더해 다음과 같이 'SMART+1'로 정리한다.

〈그림 3-3〉 목표설정의 SMART+1 원칙

① 구체적 Specific

이벤트기획에서 각 목표는 무엇보다 개최목적의 달성을 위하여 뚜렷하고 명확한 구체성을 지닌다. 다시 말하면 목표는 기획과정을 통하여 무엇을 성취할 것인가를 구체적으로 제시하여 조직구성원이 쉽게 이해하고 실행할 수 있는 지침이 되도록 한다. 기업이 판매촉진의 향상을 목적으로 이벤트를 개최한다면 목표는 구체적으로 이벤트에 참가할 집객수, 사후 선호도 상승 정도, 사후 증가할 판매량 등 개최목적인 판매촉진의 향상을 무엇으로 측정할 수 있는지를 명확하게 제시한다.

② 측정 가능한 Measurable and Meaningful

각 목표는 객관적 수치로 정량화함으로써 성취 정도를 분명하게 측정할 수 있도록 한다. 그리고 달성하고자 하는 수치는 실행전략과 전체목적에 비추어 의미가 있어야 한다. 이벤트 개최를 위해 정해진 시간 동안에 얻어진 모든 성과는 이벤트 성공의 가늠자 역할을 하고 다음의 이벤트 개최를 위한 유용한 자료로 활용할 수 있다.

③ 도전적 달성 가능 Achievable

각 목표는 환경분석을 통하여 주어진 외부환경을 토대로 내부자원을 최대한 활용했을 때 도달할 수 있는 적정선에서 제시한다. 능력보다 낮은 목표는 안정적이지만 조직원의 성취 의욕을 낮추고 능력에 넘치는 높은 목표는 모험성과 실패확률이 높아 조직원의 도전 의식을 좌절시킨다. 따라서 도전적이면서도 달성이 가능한 목표를 수립함으로써 조직원의 성취동기를 자극하고 활성화할 수 있도록 한다. 실제적으로는 달성할 수 있다고 여겨지는 수준보다 약간 높게 목표를 제시함으로써 도전 의식을 자극할 수 있다. 그리고 목표설정은 과거의 수치나 일반적 평균 또는 경쟁자의 목표에 기준점을 두기보다 조직원의 능력과 환경분석 내용을 중심으로 실행전략에 맞추어 설정한다.

④ 결과 지향적 Results oriented

각 목표는 행동 지향적으로 표현하기보다 어떤 결과를 지향하는지를 표현한다. 예를 들어 '집객 목표를 10만명으로 한다.'는 결과 지향적이지만 '마케팅 지원을 강화하여 집객을 확대한다.'는 행동 지향적이다. 그리고 결과 지향적이라는 것은 측정 가능한 성과지표가 있다는 것을 의미하고 또한 최종적 성과는 고객만족도와 같이 이벤트 참가자 또는 이해관계자와 직접 관계되도록 표현하는 것이 바람직하다.

⑤ 시간에 따른 Time-bound

각 목표를 완성할 시점은 합리적으로 계산한다. 그렇지만 도전적 과제가 될 수 있도록 시간을 조절하고 사업이나 목적의 달성 기간보다 짧게 책정한다. 그리고 전체 단위의 목표를 달성하는 최종시점도 중요하지만, 달성목표와 시간을 단계적으로 분배하여 달성과정을 점층적으로 점검할 수 있도록 한다. 그리고 시간에 따라 단계적으로 목표를 설정함으로써 업무성과에 대한 조직원의 동기부여와 더불어 사기진작과 독려에도 도움을 준다.

⑥ 중요도 순서 Priority

위의 SMART 원칙에 따라 설정한 각 목표는 기획조직의 임무와 달성하려는 목적 그리고 내·외부 환경분석 따라 중요도 순서를 정한다. 최종 목적을 효과적으로 달성하기 위해서는 중요도가 높은 목표에 더욱 집중한다. 중요도에 따른 순서는 시간상으로만 긴급한 현안에 매달리는 실수를 방지한다. 그리고 집객목표와 안전관리목표와 같이 서로 충돌하는 목표의 경우에도 사안에 따라 해결 우선순위를 미리 정하여 조정하는 것이 좋다.

Chapter

04

Event planning

환경분석과
시장조사

환경분석과 시장조사

이벤트기획과정의 단계에서 환경분석은 개최목적의 수립과 목표의 설정 사이에 놓인다. 그렇지만 본서에서는 기본방향 설정에서 목적과 목표를 먼저 다루었으므로 목표설정을 위해 필요한 환경분석을 그다음으로 살펴본다. 환경분석과 시장조사는 개최하고자 하는 이벤트가 처한 환경과 목표대상의 특성에 대해 파악하는 것이다. 또한 적정한 목표를 설정하고 효과적인 실행전략 수립을 하기 위해 객관적인 정보를 확보하는 과정이 환경분석과 시장조사이다.

1. 환경분석의 목적

이벤트기획에서 내부능력과 외부환경에 대한 평가로 이루어진 환경분석은 당면한 과제에 따라 다루어야 할 기획의 전제조건이 무엇인지를 파악하는 것에서부터 출발한다. 그리고 파악한 전제조건에 따라 기획 방향의 설정에 필요한 정보를 수집하고 합리적인 의사결정의 기초적 자료를 확보한다. 환경분석은 조직과 기획과정의 정체성을 확인하는 기회를 제공하고 조직관리의 도구로 활용한다.

(1) 기획 전제의 설정

기획에서 환경분석은 지도를 그리고 그 지도에서 조직이 놓인 위치를 명확하게 파악하는 것이라고 할 수 있다. 다시 말하면 외부환경의 기회와 위협이라는 지도 속에서 그것에 맞설 수 있는 조직의 강점과 약점을 파악하여 자신의 위치를 확인함으로써 어떠한 목표와 수단을 활용하여 기획의 목적을 달성할 수 있을지를 가늠하는 것이다. 확인한 외부환경과 내부능력은 기획의 전제로서 기획과정 전체에 적용한다. 그리고 적절한 대안을 도출하기 위해서는 기획의 전제에 대한 조직원 간의 공유가 중요하다.

(2) 기획 방향의 설정

앞에서 이미 살펴보았듯이 환경분석은 기획의 임무, 비전, 목적, 목표 등의 기획 방향을 구체화하기 위한 기본정보를 제공한다. 일반적으로는 환경분석은 기획의 목적에 따라 구체적인 목표를 수립하기 위해 수행하지만, 환경분석의 결과에 따라서는 기획의 목적뿐만 아니라 그 이상의 비전이나 임무의 변경을 요구하는 상황이 드러나기도 한다. 만약 그러할 때는 기획에 대한 전체적인 재검토가 필요하다.

(3) 의사결정의 자료

환경분석을 통해 확보한 정보는 기획과정에서 이루어지는 많은 의사결정에 있어 합리적 판단의 기초자료를 제공한다. 따라서 기획자는 명확하고 정확한 환경분석을 수행하려고 노력한다. 그리고 환경분석을 통해 기획에 관련한 다양한 분야의 적정한 정보를 수집하고자 한다.

(4) 정체성 확인

환경분석은 주어진 상황을 판단하고 개최자의 역량을 파악하는 것이기 때문에 기획과정을 통해 수행할 과제와 조직을 객관적으로 확인하는 기회를 제공한다. 따라서 환경분석은 조직구성의 당위성과 과제의 타당성을 확보할 수 있도록 객관적인 정보를 제공하고 그것을 바탕으로 미래환경에 대처할 수 있도록 한다.

(5) 조직관리의 도구

환경분석에서 확인한 내부역량과 외부환경을 근거로 조직이 행동할 방향을 제시하고 통제하기 위한 관리 방향을 제공한다. 그 근거에 따라 내부역량의 강점을 적절히 활용하고 약점을 극복할 방안을 모색한다. 내부역량의 적용은 외부환경의 기회와 위협에 따라 서로 다른 전략적 방향으로 진행한다.

2. SWOT 분석

환경분석을 위해 사용하는 대표적으로 분석기법으로 영어의 머리글자로 이루어진 SWOT 분석이 있다. 이는 Strengths(강점), Weaknesses(약점), Opportunities(기회), Threats(위협)를 말한다. SWOT 분석은 크게 두 가지 부문으로 나누어 분석한다. 즉, 내부능력에 대한 강점요소와 약점요소의 분석, 외부환경에 대한 기회요소와 위협요소에 대한 분석이다.

〈표 4-1〉 SWOT 분석

구 분	평가기준	평가내용	평가기준
내부능력 (통제 가능)	강점 Strengths	재무자원, 조직, 물질자원, 교섭력	약점 Weaknesses
외부환경 (통제 불가능)	기회 Opportunities	거시환경, (경제적, 사회문화적, 환경적) 미시환경 (참가자, 협력자, 경쟁자)	위협 Threats

1) 내부능력 분석

내부능력은 일반적으로 조직의 역량으로 통제가 가능한 범위에서 이루어지는 재무자원, 조직, 물질자원, 교섭력 등에 대한 강점과 약점의 평가로 이루어진다. 강점과 약점은 절대적 기준에 따라 정해지는 것이 아니라 수행할 과제와 주어진 환경에 따라 서로 바뀔 수도 있다.

예를 들어 의사결정이 빠르고 통제력이 높은 단일구조의 작은 조직은 소규모의 이벤트를 개최하기 위해서는 강점일 수 있다. 그렇지만, 이벤트의 규모가 확대되면 극복해야 할 약점이 되고 기능이나 프로그램 등을 중심의 조직으로 개편할 필요가 나타난다.

2) 외부환경 분석

이벤트 개최의 기회요소와 위협요소를 파악하는 외부환경 분석은 일반적으로 조직의 역량으로 통제할 수 있는 범위를 벗어나는 분야를 말하고 거시환경과 미시환경을 다룬다. 미시환경은 이벤트 참가자, 협력자, 경쟁자에 대한 평가로 이루어지고 거시환경은 경제적, 사회문화적, 환경적 분석으로 이루어진다. 경제적 분석은 산업적 측면에서의 기술적 상황을 포함하고, 사회문화적 분석은 인구통계적 내용과 풍속뿐만 아니라 정치적, 법적 상황도 포함한다. 환경적 분석은 지리적, 생태적 환경과 기후 등은 물론 인공적인 환경도 포함한다.

더불어 내부능력과 외부환경의 구분은 조직의 역량에 따라 달라지기도 한다. 예를 들어 정부 차원에서 개최하는 이벤트의 경우 정치적, 법적 상황을 내부능력 평가로 진행함으로써 정치적 타협이나 법의 개정을 통하여 개최조건을 변경할 수 있다. 예를 들어 올림픽, 박람회 등 정부나 지자체가 개최하는 메가이벤트의 경우 일반적으로 새로운 법령을 제정하여 이벤트

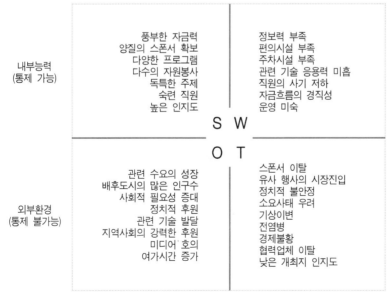

〈그림 4-1〉 SWOT 분석의 예

를 지원한다. 지방정부에서 개최하는 축제도 조례를 제정하여 지원하는 것
이 일반적이다.

3) SWOT 분석의 절차

환경분석은 분석계획을 수립하는 것으로부터 시작한다. 분석계획에는
분석 기간의 설정, 담당자 또는 담당 조직의 지정, 분석 대상이 되는 항목의
정리, 자료원의 확보, 분석 및 보고 방법의 결정 등이다. 분석계획이 정해지
면 자료수집을 한다. 자료원을 그 출처와 내용에 따라 구분하면, 이해관계

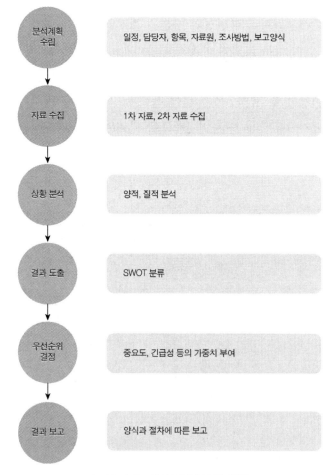

〈그림 4-2〉 SWOT 분석의 절차

자와 전문가 등을 통해 목적에 맞게 직접 수집하는 1차 자료가 있고 연구소, 정부 등에서 다른 목적이나 일반적인 통계자료로 생산한 2차 자료가 있다. 수집한 자료는 계획한 평가 기준과 방법에 따라 양적인 분석이나 질적인 분석으로 평가하고 SWOT에 따라 분류한 결과를 도출한다. 그리고 각 항목은 중요도와 긴급성의 기준에 따라 우선순위를 정한다. 확정한 내용은 정해진 절차와 양식에 따라 보고하고 공유함으로써 기획에 반영한다.

3. SWOT 전략

SWOT 분석하고 나면 〈그림 4-3〉과 같이 외부환경에 따른 기획과제의 정체성을 파악한다. 기회요소와 위협요소가 모두 높게 나타나는 기획과제는 모험적인 이벤트로 분류하고, 기회요소와 위협요소가 모두 낮은 기획과제는 일반적인 이벤트로 분류할 수 있다. 그리고 기회요소는 높지만 위협요

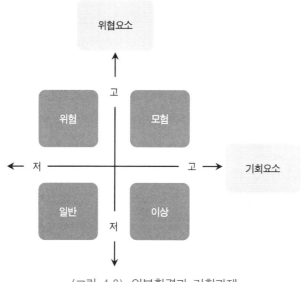

〈그림 4-3〉 외부환경과 기획과제

소가 낮은 기획과제는 이상적인 이벤트라고 할 수 있고, 반면 기회요소는 낮고 위협요소가 높은 기획과제는 회피해야 하는 위험한 이벤트라고 할 수 있다.

〈표 4-2〉 SWOT 전략

구 분	Opportunities	Threats
Strengths	SO 기회를 활용하기 위해 강점 활용	ST 위협을 피하고자 강점 활용
Weaknesses	WO 기회를 활용하기 위해 약점 극복	WT 위협을 피하고자 약점 최소화

SWOT 분석에서는 외부환경의 기회요소를 활용하고 위협요소를 극복하기 위하여 내부능력의 강점과 약점을 바탕으로 〈표 4-2〉와 같이 SWOT 전략을 구사한다. SO전략은 외부환경의 위협요소보다 기회요소가 상대적으로 우위에 있고 내부능력의 강점을 바탕으로 기회요소를 충분히 활용할 수 있을 때 선택하는 전략이다. ST전략은 기회요소보다 위협요소가 상대적으로 강하게 나타나지만 이를 강점요소로 충분히 극복할 수 있을 때 적용하는 전략이다. WO전략은 위협요소보다 기회요소가 상대적으로 우위에 있지만 이를 활용할 강점요소가 부족하고 오히려 약점요소가 드러날 때 약점을 제거하거나 약화 또는 대체함으로써 기회요소를 활용하고자 하는 전략이다. 끝으로 WT 전략은 기회요소보다 위협요소가 상대적으로 강하게 나타나고 이를 극복할 강점요소도 없고 오히려 약점요소가 드러날 때 약점을 최소화하거나 제거하여 위협요소를 피하는 전략이다.

환경분석에서 드러난 각 요소의 목록별 우선순위를 종합하여 전체적인

SWOT 전략을 설정하되 각 요소를 활용하거나 극복하기 위해 적절한 전략
을 서로 혼합하여 구성할 수 있다.

4. PEST 분석

환경분석에서 많이 활용하는 또 다른 분석으로 외부환경분석에 중점을
둔 PEST 분석이 있다. 이는 Political(정치적), Economical(경제적), Social(사
회문화적), Technical(기술적)의 영문 첫 문자를 따서 이름 지은 분석이다.
때에 따라서는 자연환경과 기후변화에 관련한 내용을 평가하는 Ecological
(생태적)을 추가하고 머리글자의 순서를 달리하여 명명한 STEEP 분석을 활
용하기도 한다.

정치환경은 정책의 기조, 정부 규제와 지원, 법률, 국제적 상황 등이고,
경제환경은 경제전망, 산업동향, 소비자 물가, 환율, 금리, 취업률, 소득, 소
비자 동향 등이며, 사회문화환경은 인구통계학적 변화, 사회적 변동, 고객
의 기대욕구, 라이프스타일, 교육수준, 가치관 등이다. 그리고 기술적 환경
은 관련 기술변화, 정보기술, 조사연구방법, 이벤트나 관련 상품의 혁신 또
는 대체, 교통기술 등이다.

5. 환경분석을 위한 평가기법

환경분석을 위해 활용하는 여러 평가기법을 간략하게 살펴보자. 외부요
인 평가에는 브레인스토밍과 스노볼 방법을 주로 사용하고 내부능력 평가
에는 벤치마킹, 7-S 체계, BCG매트릭스 등을 사용한다. 이러한 평가기법 외
에도 미래를 예측하기 위한 다양한 방법을 동원한다. 그리고 여기서 소개
하는 평가기법은 환경분석뿐만 아니라 일반적으로 자료를 수집하여 평가
하거나 새로운 아이디어를 창출하는 방법으로 자주 활용하는 방법이다. 따
라서 그 내용을 숙지하면 여러모로 도움을 얻을 수 있다.

1) 브레인스토밍 Brainstorming

대표적인 아이디어 확산기법인 브레인스토밍은 1891년에 설립한 미국 광고회사 BBDO의 창립자 중 한 명인 A. Osborn이 1939년 무렵 체계를 세운 방법이다. 브레인스토밍은 말뜻 그대로 두뇌의 창의력을 최대한 활용하여 짧은 시간 동안 집단으로부터 많은 아이디어를 창출하는 기법이다.[42] 브레인스토밍은 10명 이내로 6~8명 정도가 적당하고 원탁에서 진행하는 것이 바람직하다. 브레인스토밍을 진행하기 전에 수집한 자료를 충분히 제공하고 참가자는 그 내용을 미리 검토한다. 그리고 브레인스토밍을 시작하기 직전에 과제에 대한 설명과 그 내용의 궁금증에 대한 질의응답을 충분히 한다. 효과적인 브레인스토밍을 위해서 적용하는 4가지 규칙은 다음과 같다.

확산적 사고, 수렴적 사고
확산적 사고는 문제를 해결하기 위해 정보를 넓게 탐색하여 다양한 해결책을 도출하는 사고방식이고 수렴적 사고는 문제를 해결하기 위해 이미 알고 있던 지식을 활용하여 가장 적합한 답을 찾아내는 방식의 사고를 말한다.

- 제출한 아이디어에 관한 판단의 보류(비판금지)
- 자유분방한 아이디어 제출
- 아이디어의 질보다 양의 확보
- 이미 제출한 아이디어의 자유로운 결합, 개선, 변형

브레인스토밍은 다음의 순서로 진행한다.

- 구체적인 하나의 주제 선택
- 모두가 서로 볼 수 있도록 좌석 배치(원형, 사각)
- 모두 볼 수 있도록 아이디어 기록판 준비
  (기록용 전지, 화이트보드, 대형 포스트잇 등 활용)
- 협력적이고 즐겁게 분위기를 이끄는 사회자 선정
- 다양한 전문가 포함
- 기록자가 모든 발언을 키워드 중심으로 빠짐없이 기록
- 1시간 내외로 진행
- 결과는 다음 날 독특성과 실행가능성을 기준으로 평가

2) 스노볼 Snow Ball

Nutt & Brackoff(1992)는 Brainstorming과 Snow Card 방법을 함께 사용하는 Snowball 방법을 제시하였다.[43] 브레인스토밍으로 도출한 아이디어를 요인별로 정리하고 요약하는 스노카드 방법을 사용한다. 이는 아이디어를 활용하기 위한 수렴적 사고 과정이다.

먼저 스노카드 방법은 회의 참석자가 회의 안건에 관련한 내용을 검토한 뒤 각자에게 똑같이 분배한 여러 장의 카드에 아이디어를 적어낸다. 모두의 아이디어를 취합하면 카드를 섞어 유사한 내용끼리 분류하고 회의 참석자의 동의에 따라 카드를 이리저리 옮겨 모으면서 요인을 도출한다. 스노볼 방법은 브레인스토밍에서 도출한 아이디어를 스노카드 방법으로 분류하여 참석자의 동의하에 각 요인명을 도출하고 우선순위를 정하는 방법으로 쓸 수 있다. 스노카드 방법은 최대 15명이고 5~6명이 적정한 인원으로 알려져 있다. 진행순서는 다음과 같다.

- 각자에게 배분한 각각의 카드(포스트잇)에 하나의 아이디어를 적어 제출한다. (또는 브레인스토밍을 통해 제안한 아이디어를 각각의 카드에 적는다.)
- 진행자는 참가자의 의견에 따라 옮겨 붙이면서 유사한 아이디어끼리 모아 하나의 그룹으로 분류한다.
- 각 요인(분류한 아이디어 모둠)의 명칭을 함께 정한다.
- 참가자가 대체로 동의하기까지 다른 아이디어 모둠에서 아이디어를 가져오거나 다른 모둠으로 보내기를 반복한다.
- 요인으로 결정한 각 모둠의 우선순위를 투표로 정한다.
- 내용을 정리하고 선정 이유를 기술한다.

3) 우선순위 비교

제시한 아이디어를 효과적으로 정리하는 방법은 유사한 의미의 내용끼리 하나의 단위로 묶어 축약하는 것이다. 이렇게 묶인 하나의 의미 단위는 각각 적합한 명칭을 부여하여 고유의 요인으로 알기 쉽게 정리한다. 이렇게 요약한 각 요인의 우선순위를 정하는 방법에는 명목집단법, 쌍대비교, 컬러스티커법, 10-4법 등을 활용할 수 있다.

(1) 명목집단법

명목집단법(Nominal Group Technique)은 참가자들이 이슈를 식별하고 순위를 정하는 가중서열법이다. 토론 전에 이슈(요인 또는 아이디어)를 제시하고 사회자가 기록한 후 사회자의 진행으로 토론을 진행한다. 그다음 참가자들이 각 이슈에 점수를 부여하고 합산하여 우선순위를 정하는 방법이다. 명목집단법은 참가자의 이슈에 대한 몰입도를 높이고 각자의 의견을 독립적으로 반영할 수 있는 장점이 있다.

(2) 쌍대비교

쌍대비교는 말 그대로 각 요인을 두 개씩 각각 비교하여 우선순위가 높은 요인에 1점씩을 부여하고 결과를 합산함으로써 우선순위를 결정한다. 두 요인이 같은 점수가 나오면 쌍대비교 시 점수를 얻은 요인이 우선순위를 얻는다.

〈표 4-3〉 쌍대비교 예시

점수	비교 항목		점수
1	정보력 미흡	편의시설 부족	0
1	정보력 미흡	기술력 부족	0
0	정보력 미흡	자금 부족	1
0	편의시설 부족	기술력 부족	1
0	편의시설 부족	자금 부족	1
0	기술력 부족	자금 부족	1
우선순위	자금 부족(3), 정보력 미흡(2), 기술력 부족(1), 편의시설 부족(0)		

(3) 컬러스티커법

컬러스티커법은 참가자에게 점수가 정해진 스티커를 똑같은 수로 분배하고 요인별로 점수를 매겨 스티커를 부착하게 한 뒤 각 요인이 획득한 점수를 합산하여 우선순위를 정한다. 컬러스티커의 활용은 최종으로 합산하기 전까지는 획득한 점수의 정확한 파악이 비교적 어려우므로 편견을 줄일 수 있는 장점이 있다. 컬러스티커는 4, 5종류로 준비한다.

〈표 4-4〉의 예시는 5명의 참가자가 4가지 다른 점수의 컬러스티커를 각 요인에 점수를 매겨 부착하도록 하고 그 결과의 점수를 합산하여 우선순위를 정한 것이다.

〈표 4-4〉 컬러스티커 예시

컬러스티커 점수	●(7)	●(5)	●(3)	●(1)	
요 인	컬러스티커				합계 점수
정보력 미흡	●	●	●	●	●	19
편의시설 부족	●	●	●	●	●	13
기술력 부족	●	●	●	●	●	15
자금 부족	●	●	●	●	●	31
우선순위	자금 부족(31), 정보력 미흡(19), 기술력 부족(15), 편의시설 부족(13)				

(4) 10-4법

10-4법은 각 참가자가 각 요인에 부여한 점수의 합이 10점이 되도록 점수를 제시하도록 한다. 다만 요인마다 최대 4점 이상을 부여할 수 없도록 제한하고, 최종적으로 부여한 점수를 합산하여 우선순위를 정한다.

〈표 4-5〉 10-4법 예시

요 인	참가자1	참가자2	참가자3	참가자4	참가자5	합계 점수
정보력 미흡	3	2	3	3	3	14
편의시설 부족	1	2	2	1	2	8
기술력 부족	3	3	2	3	2	13
자금 부족	3	3	3	3	3	15
우선순위	자금 부족(15), 정보력 미흡(14), 기술력 부족(13), 편의시설 부족(8)					

4) 벤치마킹 Benchmarking

내부능력을 평가하는 하나의 방법인 벤치마킹은 해당 분야에서 최상의 성과를 보이거나 모범이 되는 사례와 비교하여 조직과 과제의 상황을 파악하고 자체 조직을 개선함으로써 최고의 수준을 획득하려는 것이다.

구체적으로 벤치마킹은 내부능력의 평가에 있어 개선해야 할 과제가 무엇인지와 비교기준을 확인한다. 그리고 현 상태와 개선 결과에 대해 더욱 객관적인 평가를 할 수 있도록 도와주고 지속적인 개선 방향을 제시한다.

벤치마킹에서 고려할 사항들은 다음과 같다. 과제에 대한 명확한 범위를 설정한다. 하나의 이벤트가 모든 관점에서 벤치마킹의 대상이 되기는 어려우므로 부문별로 벤치마킹의 대상을 정하는 것도 하나의 방법이다. 기획과정에서 벤치마킹을 위한 충분한 시간이나 재정적 지원을 확보하기가 현실적으로 어렵다. 따라서 검토사항을 충분히 살펴볼 수 있도록 시간과 자금을 확보하기 위한 노력이 필요하다.

2차 자료를 활용하여 벤치마킹할 때는 측정방법이 서로 달라서 객관적인 평가가 어렵다. 따라서 벤치마킹 대상을 평가한 측정방법이 무엇인지를 사전에 검토한 후에 자체 조직과 과제의 평가방법에 반영함으로써 편차를 줄일 수 있다. 벤치마킹 결과는 조직 내의 공유를 통해 개선 방향을 충분히 반영할 수 있도록 한다. 벤치마킹을 통해 획득한 내용 중 조직의 성과 부족과 비교되는 결과가 나왔을 때 조직의 자책이나 담당 조직원에 대한 비난을 위해 사용하지 않는다. 결과의 잘못 사용은 분란이나 분쟁으로 이어져 조직의 결속을 해친다. 벤치마킹은 개선을 위한 것이지 비난을 위한 것이 아님을 명심한다.

5) 기타의 평가기법

내부능력을 평가하는 기법 중 Mckinsey가 개발한 평가방법인 7-S법은 공유가치(shared values)를 중심으로 전략(strategy), 조직구조(structure), 시스템(system), 조직문화(style), 조직원(staff), 기술(skills) 등의 7가지 요소가 서로 유기적인 연결을 이루고 있는지를 파악하는 것이다. 예를 들어 조직이 공유하는 환경보호의 가치를 전략에 반영하고 있는지, 전략의 요구에 따라 조직과 이해관계자를 연결하는 환경감시체계 등 적정구조를 갖추고 있는지, 조직에 필요한 환경담당 조직원을 확보하였거나 확보할 수 있는 체계를 갖추었는지, 조직원은 충분한 환경관련 기술을 보유하고 있는지와 그 기술을 구현할 물리적이고 조직적인 환경을 제공하고 있는지, 조직문화는 전략적 환경이슈의 변화에 유연한 관리체계를 지니고 있는지를 서로 연결하여 평가함으로써 강점과 약점을 확인한다.

그 밖의 평가기법으로 성장률과 점유율을 기반으로 평가하는 BCG매트릭스가 있고, 핵심능력분석, 경쟁자 재무분석, 가치사슬분석 등 각 산업의 특성에 적합한 다양한 방법을 개발하여 활용하고 있다. 이벤트를 위한 기획과정에서는 분야별로 특화한 평가기법을 충분히 개발하였거나 검토하였다고 말하기는 어렵다. 따라서 이벤트 개최를 위한 환경분석의 평가기법을 활용하기 위해서는 각 이벤트의 특성과 환경에 적합한 방법을 찾기 위한 노력이 필요하다.

6) 미래예측을 위한 방법

기획은 바람직한 미래를 설계하고 실현하는 것이므로 기획이 효과적인 성과를 얻기 위해서는 현재 상황을 바탕으로 미래에 대한 예측이 필요하다. 미래에 대한 예측은 미리 수립한 기획 방향에 따라 사업을 진행할 때 어떤 상황을 맞닥뜨리고 기대했던 결과를 도출할 수 있는지를 점검한다. 그 예측 결과가 원했던 결과와 차이가 있을 때는 기획 방향이나 실행방법 등의 수정이 필요하다.

미래를 예측하기 위해 다양한 방법을 적용하고 있다. 크게 정성적인 주관적인 방법과 정량적인 객관적인 방법으로 나눌 수 있다. 주관적 방법은 객관적 자료나 주관적 자료를 활용하여 직관적으로 판단하는 것으로서 암묵적이고 비공식적인 방법이지만 편의성이 높아 실제로 많이 쓰이고 있다. 구체적으로 델파이기법, 시나리오 설정법, 초점집단면접법 등이 쓰인다. 그리고 주관적 방법에서도 자료의 객관성을 높이기 위해서 통계적 방법인 부트스트랩 방법을 적용하기도 한다.[44]

객관적인 미래예측 방법에는 비경험적으로 추세를 예측하는 투사법과 원인변수를 기준으로 예측하는 인과적 방법이 있다. 인과적 방법은 계량경제학적인 선형예측법과 그것을 확장하여 유사그룹으로 분할하여 예측하는 분류예측법이 있다. 구체적으로 회귀분석과 시계열분석 등이 쓰인다.

(1) 회귀분석

회귀분석은 원인변수인 독립변수에 따라 결과변수인 종속변수를 예측하는 인과적인 방법이다. 일반적으로 회귀분석은 복합적이고 역동적인 미래의 모습을 단순화하여 예측할 수 있도록 도와주는 추세선을 도출한다. 회귀분석에는 단일한 원인변수로 단일한 결과변수를 예측하는 단순회귀분석과 여러 원인변수로 하나의 결과변수를 예측하는 다중회귀분석 등 여러 분석 방법이 있다.

부트스트랩 방법
bootstrapping method
B. Efron이 1970년대 후반에 개발한 통계적 재표집 방법으로 주어진 자료로부터 같은 양의 표본을 반복적으로 무수히 추출하여 표준편차를 구하는 방법이다. 이때 정규성이나 모집단의 등분산성을 가정하지 않는다.

(2) 시계열분석

시계열분석은 과거의 자료를 바탕으로 시간에 따른 변화를 분석하는 방법이다. 다시 말하면 시간을 독립변수로 하여 사건의 변화 경향(trend line)을 예측하는 것이다. 규칙적인 선형분석과 불규칙적인 비선형분석을 다루는 시계열분석은 지속적 변동, 계절적 변동, 순환적 파동, 불규칙 변화 등을 분석한다.

(3) 델파이기법

고대 그리스의 도시 델포이(Delphoe)의 아폴론 신전에서 제사장이 모여 미래를 예언하던 델피의 신탁(the Oracle of Delphi)에서 이름을 가져온 델파이기법(delphi technique)은 집단 내의 의견을 조정하고 통합하거나 개선하는 방법이다. 1959년 미국의 Rand 연구소에서 개발했다. 특히 위원회나 전문적 토론회에서 과제를 논의하면 목소리가 큰 특정인이나 특정 집단이 의견을 주도하기 쉽고 소수의견을 무시하는 경우가 많다. 따라서 그러한 문제를 해소하고, 권위에 대한 도전이 어려운 것을 보완하며, 서로에 대한 적대감과 갈등의 여지를 제거하기 위해 사용한다.[45]

델파이기법은 질적인 연구 방법으로 특히 과거의 자료가 없는 경우 유용하다. 델파이기법은 해당 분야의 최고 전문가를 대상으로 이루어지기 때문에 신뢰성을 높일 수 있고 창의적 사고를 바탕으로 의견의 일치를 이끌 수 있다. 방법적인 측면에서 델파이기법은 익명성을 바탕으로 반복적 과정을 통해 참가자의 의견을 지속해서 반영하고 통계 처리함으로써 전체의 의견을 일치시키고자 노력한다. 때로는 전체의 의견을 조정하고 일치시키는 것에 주안점을 두기보다 서로 다른 여러 의견을 확인하고 분류함으로써 기획 과정에서 나타날 여러 문제점을 미리 획득하고 대비방안을 모색할 목적으로 델파이기법을 수행하기도 한다. 델파이기법은 비용이 많이 들고 시간도 오래 걸리는 것이 단점이다.

델파이기법의 기본적인 과정은 다음과 같다.

- 쟁점에 대하여 직·간접적으로 관련한 다수의 전문가 선정
- 쟁점에 대한 설문지 배포
- 설문지 응답 내용의 통계처리
- 결과물을 같은 전문가에게 배포하여 의견수정 여부 질의
- 회신 내용을 통계 처리하여 다시 배포한 후 의견수렴
- 합의를 도출할 때까지 과정을 반복

(4) 시나리오 설정법

시나리오 설정법은 장래에 일어날 사건을 가상적 시나리오로 구성하여 불확실한 미래를 대비하는 것이다. 시나리오를 구성하기 위해서는 그럴듯한 이야기를 만들기 위해 노력하는 것이 아니라 확인한 여러 변화요인에 대한 내적 일관성과 논리적 타당성을 유지하는 것이 중요하다. 시나리오 설정법은 기본적으로 하나의 사건에 대해 낙관적, 중간적, 비관적 태도를 비교하여 대비할 수 있도록 제시한다. 시나리오를 구성하는 데 고려하여야 할 또 하나의 조건은 불확실성이 높고 영향력이 큰 핵심 변수를 중심으로 전개하되 불확실성은 낮고 영향력이 큰 전제조건을 시나리오의 기본적 토대로 한다.

이벤트의 개최에서 시나리오 설정법을 다양하게 활용하고 있다. 이벤트 기획과정에서 주어진 조건을 최대한 활용하여 행사 전체와 각 부문의 내용을 일관성 있게 구성하기 위하여 스토리텔링 형식으로 시나리오를 제시하는 경우가 많다. 대부분은 예술적 창의성을 첨가하여 가장 바람직한 상태를 묘사하고 최상의 긍정적 태도에서 표현한 시나리오를 작성한다. 이때 계획수립의 한 부분으로 위기관리를 포함하여 비상 대책을 마련하기 위한 비관적 측면의 시나리오도 검토한다. 그리고 운영계획에서는 각 프로그램의 정확한 운영을 위한 세부적인 시나리오를 제시한다.

그렇지만 이벤트의 시나리오 구성은 미래예측의 측면에서 다루어지는 것이라기보다 미래에 창출하려는 바람직한 상태를 보여주는 기획 그 자체

라고 할 수 있다. 실제 이벤트를 기획하는 데 있어 시나리오 설정법은 이벤트의 개최상황을 가상으로 구현하여 관찰함으로써 문제점을 찾아내고 개선하는 시뮬레이션(simulation)이나 예행연습(rehearsal)의 대본으로 제시하는 경우가 많다.

이벤트의 기획과정에서 더욱 효과적으로 미래예측을 하기 위해서는 선별한 핵심 변수와 전제조건을 적용하여 논리적으로 전개하는 과학적인 시나리오 설정법이 필요하다. 그리고 해당 이벤트에 한정한 예측뿐만 아니라 이벤트 개최에 따른 지역의 파급효과 등을 예측할 수 있는 포괄적 시나리오 설정을 통해 정책적인 측면에 대한 대안의 제시도 가능하다.

지자체의 대표적인 이벤트인 축제의 경우 이미 확보한 예산 안에서 운용이 이루어지므로 예산 변동보다는 집객수에 따른 미래예측의 시나리오를 상정할 수 있다. 평균적인 집객수를 보통치나 중간값으로 하여 무난한 운영계획을 수립할 수도 있고 공격적인 집객수를 목표로 하는 낙관치의 운영계획을 수립할 수도 있다. 그리고 비관치로 집객수가 아주 적거나 너무 많은 경우 또는 집객이 집중하는 주말 등 특정 기간을 위한 운영 시나리오를 구성할 수도 있다.

이 시나리오는 정해진 예산 안에서 자원을 어떤 기준으로 어떻게 분배할 것인가가 중요하다. 예를 들어 초과수요 상황에서 안정적인 동선 흐름이 중요한지 프로그램의 질적 수준의 유지가 중요한지를 비교할 수 있다. 흐름이 중요할 때는 프로그램을 분산하고 공연 시간을 줄이면서 대기행렬을 줄이기 위한 노력이 필요하다. 만약 각 프로그램 내용의 전달이 중요하다면 긴 대기행렬을 관리하는 방법과 다른 동선과의 충돌을 방지하는 우회로 확보 등의 다양한 방법의 고민이 필요하다.

Chapter

05

Event planning

프로젝트 관리

프로젝트 관리

이벤트의 기획에서 프로젝트의 관리는 이벤트를 준비하는 과정에서부터 개최하고 종료하기까지의 전체 업무 과정의 관리이다. 프로젝트의 관리과정은 크게 착수과정, 계획과정, 실행과정, 감독과정, 종료과정으로 나눌 수 있다. 여기서 실행과정은 이벤트의 실행준비와 개최를 모두 포함한다.

1. 프로젝트 관리의 과정

　　프로젝트의 시작과 끝이라는 시간적 관점에서 프로젝트의 관리과정은 착수, 계획, 실행, 종료의 순으로 관련 업무의 양이 증가하고 감독은 실행의 단계에서 더욱 두드러진 역할이 이루어진다.

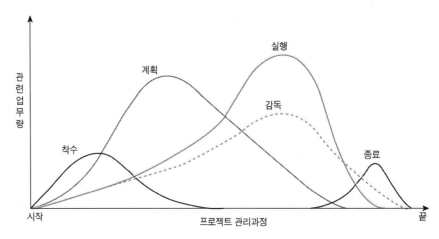

〈그림 5-1〉 프로젝트 관리과정의 상호작용46)

그렇지만 이벤트기획에서 프로젝트의 관리과정은 서로 독립적인 순차적 단계라기보다 〈그림 5-1〉에 보는 바와 같이 서로 겹치면서 상호작용하는 과정이라고 할 수 있다.

1) 착수단계

착수단계는 수행할 프로젝트의 기획 방향을 설정하고 프로젝트 개요를 문서로 작성하고 기본구상을 수립하는 단계이다. 따라서 위임받은 기획의 방향과 업무조건(계약)을 확인하고 환경분석과 시장조사 내용 등을 문서로 만드는 단계라고 할 수 있다. 더불어 이해관계자를 분석하는 것과 업무의 내용에 따라 담당자를 정하고 권한을 결정하는 것을 착수단계에 포함한다. 더불어 개략적인 수준에서 추진일정과 예산을 산정하는 업무도 착수단계에서 이루어진다.

착수단계에서는 기본방향의 설정, 환경분석, 업무분장 등의 내용을 문서로 작성하고 추진일정에 착수단계의 업무를 표시하는 정도로 마무리한다. 착수단계에 배분하는 업무의 양은 적지만 프로젝트 업무 전체의 방향을 설정하는 단계이기 때문에 엄정하게 관리한다.

2) 계획단계

계획단계는 기획의 착수에서 종료까지 전 과정에 걸쳐 관련 업무를 진행하고 착수단계에서 만든 기본구상에 따라 구체적인 업무를 진행한다. 계획은 한번 수립한 상태로 변동 없이 적용하는 것이 아니라 지속해서 재검토하고 상황에 따라 조정한다. 따라서 계획단계의 업무는 프로젝트의 처음부터 끝까지 계속 수행하는 업무라고 할 수 있다.

계획단계의 업무 내용을 살펴보면 다음과 같다. 먼저 기본구상을 바탕으로 프로젝트의 범위에 관한 내용을 문서로 정리한다. 그것에 따라 구체적이고 세부적인 아이디어를 구상한다. 그리고 아이디어를 실현하기 위한 업무분류(WBS: Work Breakdown Structure)를 작성하고 운영계획서(운영매뉴얼)를 만든다. 그 내용에서 각 수행업무에 대한 정의, 업무기간, 자원분배, 비용의 산정 등이 이루어지고 업무별 우선순위를 정한다. 일정관리, 원가 (예산)관리, 리스크관리, 조직관리 등에 관한 구체적인 계획을 수립하고 평가와 기록 등 업무 결과의 품질 수준을 적정하게 유지하기 위한 노력도 포함하여 정리한다.

계획단계에서 만드는 각 업무에 대한 계획서는 기본적으로 실행을 위한 절차와 방법을 제시하는 분야별 관리계획을 제시하고 일정, 품질 등 달성해야 할 목표에 대한 성과의 기준을 제시한다.

3) 실행단계

실행단계는 자원을 가장 많이 투입하는 과정으로 이벤트 개최에서 정점에 이른다. 실행단계는 운영계획에 따라 준비과정과 이벤트 개최에서 얻어지는 결과물로 확인한다. 이 결과물은 감시통제단계를 통해 관리한다.

구체적인 내용에는 먼저 인력의 선발, 교육, 배치, 업무의 수행 및 관리가 있고 다음은 조달 관련 부분으로 협력(외주)업체의 선정과 제작이 있다. 그리고 행사장소의 조성과 현장 개선, 감독을 통한 품질관리의 수행이 있다. 그리고 이해관계자 관리, 출연자의 선정과 관리, 참가자 서비스관리, 정보의 수집과 배포 그리고 기록업무 등이 있다.

4) 감독단계

포괄적으로 진행하는 감시와 통제를 통해 실행단계를 실질적으로 감독한다. 이는 계획단계에서 결정한 성과기준에 따라 품질을 통제하고 조달과 현장 조성 등을 적정수준으로 관리하기 위한 것이다. 감시통제는 실행단계에서 산출하는 결과들을 대상으로 업무일정과 원가 등의 성과를 측정하고 진척상황을 관리한다. 다시 말하면 계획과 실적의 차이를 감시하고 통제한다. 이벤트는 특히 준비과정에서 감시와 통제가 차질 없이 이루어질 때 성공적 개최에 대한 기대가 높아진다.

감독과 연출
director
감독은 무대, 음향, 조명, 영상 등의 전문분야를 대상으로 감시와 통제를 하는 경우와 이벤트 개최 시 전체 또는 분야별로 프로그램을 감시통제하는 감독으로 구분한다. 후자의 경우는 연출로 지칭하는 것이 일반적이다. 그리고 많은 경우 업무단위로 관리하는 감독은 슈퍼바이저(supervisor)로 칭한다.

차이를 확인하면 절차에 따라 변경을 위한 시정조치를 수행하고 그 결과를 평가함으로써 변경내용을 관리하고 검증한다. 여기서 변경이란 계획을 완료하거나 수정하기 위한 일정의 변경, 자원의 배치나 해제 등을 의미한다.

출연진이 사고 등으로 참석하지 못하는 경우 공식적으로 출연을 철회함으로써 관련 자원을 해제하고 다른 출연진을 배치하거나 해당 프로그램을 취소함으로써 그에 따른 대책을 수립하여 실행한다. 감시와 통제에는 비용과 품질을 관리하는 것뿐만 아니라 식별한 리스크를 관리하고 새로운 리스크를 확인하는 등 프로젝트의 업무활동에 대한 전반적인 감독을 포함한다.

5) 종료단계

실행단계가 끝나면 완료보고와 공식적 종료를 위한 승인절차가 남는다. 실행조직이 완료보고서를 제출하고 개최 책임자의 완료승인을 얻으면 해당 이벤트 프로젝트를 종료한다. 대행사의 경우에는 완료승인에 따라 잔금을 받음으로써 이벤트를 마무리한다. 이때 개최자는 행사평가 내용, 준비과정과 개최행사의 기록물, 그밖에 준비와 실행과정에서 생성한 기타 여러 정보 등을 포함한 보고서의 제출을 요구하는 것이 일반적이다.

한편 실행단계가 끝나면 행사장 또는 행사장에 조성한 설치물을 철거하고 이벤트의 종료와 함께 조직과 물적 자원을 절차에 따라 해제한다. 그렇지만 때에 따라서는 그 내용을 사후관리 담당자가 이관받아 활용하기도 한다. 따라서 주최 측의 내부 조직 담당자나 별도로 조직한 사후관리 부서에서 이벤트의 종료와 함께 제출한 평가보고서, 기록물, 기타 자료는 물론 물적 자원과 조직의 관리내용 등도 넘겨받아 사후관리를 맡는다.

2. 프로젝트 개요와 운영계획서

〈표 5-1〉 프로젝트 개요서 예시

프로젝트명	창립 100주년 축제	프로젝트코드	KGU00000247
개최조직	100주년기념위원회	개최PM	○○○ 상무이사 (위원장)
		연락처	000-0000-000
실행조직	Event PJT	실행PM	○○○ 팀장
		연락처	000-0000-000
프로젝트기간	0000.05.01-09.25	예산	15억
개최내용	- 개최장소: ○○ 컨벤션센터 - 개최기간: 0000.08.20~25 (5일간) - 개최대상: 자사 및 관계사 임직원 - 주프로그램: 세미나, 기념식, 체육대회, 기념공연 등		
개최목적	- ○○○산업의 비전 공유 - ○○○산업의 임직원 자긍심 고취 - ○○○산업의 성과와 비전 대외 홍보		
개최배경	- ○○○산업 창사 100년에 따른 이사회 결정 사항 - 100주년기념위원회 업무규약		
기대효과	- 자사와 협력사 간의 이해도 및 협력 의식 제고 - 기업의 대외 신뢰도 향상		
프로젝트범위	- 기념식을 제외한 제반 행사 및 홍보마케팅		
주요 이해관계자	- 이사회: 개최내용 결정 - 노조: 사전 협의 - 협력사 임원: ○○○사, ○○○사, ○○○사		
특기사항	- 직원 및 관계사 임직원 가족 참여 방법 고려 - VIP고객 참여 방법 고려		
제약조건	- 타 부서 인력 차출 최소화 - 국내 경기 악화를 고려한 과소비 이미지 극복		
결제조건	- 결제 책임자: 100주년기념위원회 위원장 - 처리 시한: 완료 승인 후 즉시 - 기타 조건: 100주년기념위원회 업무규약 준수		

1) 프로젝트 개요서

이벤트를 개최하기 위한 기획의 착수단계에서 기획 방향을 확인하기 위한 처음 작업은 프로젝트 개요서의 작성이다. 프로젝트 개요서는 프로젝트(이벤트) 명칭, 개최내용, 관련 조직, 예산, 이해관계자, 개최조건, 기대효과 등 이벤트의 준비와 개최를 위한 전반적인 사항을 〈표 5-1〉의 예와 같이 기록하여 한꺼번에 파악할 수 있도록 한다. 개요서에서 개최자와 실행조직(대행사) 모두에게 유효한 합의사항이 무엇인지를 요약적으로 확인할 수 있다.

프로젝트 명칭은 개최하는 이벤트의 실제 명칭일 수도 있고 명칭을 확정하기 전까지 사용될 가제일 수도 있다. 프로젝트 코드는 이벤트를 프로젝트 단위로 분류하고 색인하기 위한 식별번호이고 식별번호의 구성은 예를 들어 프로젝트를 수행하는 기관의 약어(여기서는 KGU)를 나타내는 부분, 기록 또는 분류일시 또는 개최일시(202002: 2020년 하반기)를 나타내는 부분, 프로젝트 순서(47: 47번째 프로젝트)를 나타내는 부분 등을 편의에 따라 표시할 수 있다.

실행조직은 이벤트 개최를 준비하고 진행할 조직의 명칭에 개최자 내부의 담당 조직이나 외부의 대행조직을 기록한다. 실행 PM은 실행조직의 실행책임자를 말하고 이메일이나 전화번호 등의 연락처를 함께 표기하는 것이 좋다. 개최조직은 개최자의 담당 조직을 의미하고 개최 PM은 개최조직의 실행책임자 또는 연락담당자를 의미한다. 프로젝트 기간은 이벤트의 개최를 위한 준비의 착수에서 종료까지의 전체기간을 의미한다. 준비기간과 개최 기간을 나누어 표시할 수 있다. 예산은 행사개최를 위해 책정한 또는 위임(계약)한 전체 예산을 의미한다.

개최내용은 개최장소, 개최 기간, 목표대상 그리고 주요한 프로그램과 프로그램의 간략한 내용 등을 기술한다. 개최목적은 이벤트를 개최하는 최종적 목적을 명기하거나 몇 가지 목적을 중요도에 따라 제시할 수 있다. 배경 및 기대효과는 이벤트를 개최하는 이유와 이벤트를 개최함으로써 이벤트 참가자와 이해관계자가 획득할 효익을 중심으로 구체적인 기대효과를 제시한다.

프로젝트범위는 실행조직이 수행할 업무의 범위를 의미하는데 해당 실행조직은 이벤트 개최의 전체 업무를 수행할 수도 있고 다른 조직과 나누어 협력하여 업무를 진행할 수도 있기 때문이다. 그리고 그 내용은 업무에 대한 위임사항 또는 계약 내용에서 확인할 수 있다. 주요 이해관계자는 행사의 개최를 위해 협의하거나 의견을 반영할 조직이나 사람을 의미한다.

특기사항은 개최자가 실행조직에게 이벤트 개최의 준비와 실행을 위해 요청하는 여러 가지 특별한 요구사항이나 기대사항을 의미한다. 이는 실행조직에게 중요한 업무 조건으로 작용하는 경우가 많다. 제약조건은 기획의 주요쟁점을 포함하고 이벤트의 준비와 개최의 전제가 되는 내부능력과 외부환경에 관한 환경분석의 주요 사항 등을 기록한다. 결제조건은 예산의 집행 또는 대금의 지급을 위한 결제 방법과 절차 그리고 결제일을 의미한다.

2) 프로젝트 운영계획서

이벤트의 개최를 준비하고 운영하기 위한 운영계획서(실행계획서, 운영매뉴얼)는 각 분야의 계획을 유기적으로 결합하여 구성한다. 프로젝트의 운영계획서는 프로젝트가 달성하고자 하는 목적을 각 분야의 목표 단위로 나누어 설정하고 그 목표를 달성하기 위한 절차를 기술한 것이라고 할 수 있다.

각각의 이벤트는 그에 적합한 형태의 운영계획을 수립한다. 소규모의 이벤트의 경우는 진행대본, 큐시트, 확인목록(checklist) 정도의 간단한 운영계획서만으로 행사를 진행하는 예도 있다. 그렇지만 이는 경험 많은 전문가가 진행하는 특별한 경우에 한정한다. 이때에도 실수를 줄이기 위해서는 아래에서 제시한 여러 분야의 절차에 관한 내용을 문서로 만들어 공유하는 것이 바람직하다.

운영계획서의 항목을 대략 살펴보면 다음과 같다. 먼저 프로젝트 개요와 목표에 관련한 장에서 운영계획서의 전체적인 방향을 제시한다. 그 내용은 기획 방향을 중심으로 해당 프로젝트가 수행할 목표와 달성전략을 제시한다. 그리고 운영원리와 같이 목표 달성과정의 질적인 조건과 실행 완료를 위한 조건 등을 제시한다.

　통합관리의 장에서는 전체 계획을 통합적으로 관리하기 위해 먼저 각 업무의 명확한 범위와 관리절차, WBS(업무분류)와 업무분담의 세부적인 명세서 등을 정리한다. 그리고 업무의 우선순위, 승인절차 등을 다루는 통합관리절차, 업무조직도, 업무를 변경하고 통제하는 절차, 프로젝트의 종료절차 등을 포함한다. 그리고 의사소통의 관리를 위한 절차와 보고양식 등을 다루고 의사소통의 내용과 범위 등을 규정하며 그것을 확인할 수 있도록 도와주는 지표들을 제시한다. 나아가 통합관리와 범위관리를 함께 고려하는 일정 관리에서 주요일정과 상세한 일정표 그리고 일정의 관리절차에 관한 내용이 들어간다. 다만, 실행업무를 상설조직에서 수행하거나 단일 조직에서 차출하여 실행할 때는 통합관리의 각 절차에 관한 부분을 새로 작성하지 않고 기존의 절차를 적용할 수 있다. 하지만 그러한 때에도 임시조직의 효율성을 높일 수 있는 방향으로 절차의 변경을 검토하여 적용한다.

　프로그램관리의 장에서는 장소운영과 프로그램 연출을 중심으로 정리한다. 장소운영은 장소의 선정, 접근, 배치, 배분(시간 및 수요), 시설, 동선, 편의, 안전 등에 관한 내용을 다루고 프로그램 연출은 장소와 시간상의 배치와 배분을 바탕으로 참가자에게 제공할 체험의 내용을 진행대본과 큐시트로 정리한다. 나아가 출연진, 출품 등의 참여자에 관한 사항과 조명, 음향, 영상, 특효, 장치, 부스, 부대시설 등 기술 및 지원에 관한 내용 그리고 안전, 보안 등의 내용을 다룬다.

　리스크관리계획의 장에서는 소통관리를 기반으로 리스크관리의 절차를 제시하고 예상되는 리스크 목록, 각 리스크가 발생할 경우의 리스크 대응계획 그리고 각 리스크를 확인할 수 있도록 도와주는 지표를 제시한다. 끝으로 인력관리계획에서는 조직도와 교육계획 그리고 평가와 보상체계를 다룬다.

예산(원가)관리의 장에는 예산명세, 품의 방법과 대금의 지급방법 그리고 원가관리의 절차 등이 나타난다. 이 내용에는 조달관리도 포함하여 구매관리의 절차, 계약의 절차, 계약종료의 절차 등을 함께 정리한다. 그리고 품질관리의 장에서는 조달내용과 실행 및 준비업무의 질적 수준을 일정하게 유지하기 위한 품질관리의 절차, 품질표준과 그 지표를 제시한다.

한편 중소규모의 이벤트에서 예산관리, 조달관리, 품질관리 등은 별도의 계획을 수립하지 않고 이벤트 개최조직이나 대행 조직의 일상적인 업무규정을 활용하기도 한다. 따라서 운영계획서에는 예산의 규모만 제시하고 예산관리를 포함하지 않는 경우가 많다.

3. WBS Work Breakdown Structure

업무분류(WBS: Work Breakdown Structure)는 개최하고자 하는 이벤트를 하나의 프로젝트 단위로 파악하여 통제단위, 업무단위, 작업단위까지 세분하는 과정으로 나타난다. WBS는 업무의 범위를 상세하게 파악하기 위하여 사용하고 의사소통의 근거가 되며 비용, 일정 등을 계획하기 위한 기반이다. 그리고 리스크의 식별을 위한 기초로도 사용한다.

WBS는 하나의 프로젝트를 3~5단계 정도로 분류하지만, 프로젝트의 기간이 길고 업무가 복잡하며 많은 경우에는 더 많은 단계로 나눌 수도 있다. 그리고 하나의 프로젝트 안의 각각의 업무는 같은 단계의 수로 분류하는 것이 아니라 업무 내용에 따라 서로 다른 단계로 나눌 수 있다. WBS는 통제가 쉬운 업무의 범위와 관리가 쉬운 업무의 수를 고려한다. 분류가 충분히 이루어지지 않으면 통제가 어렵고 너무 세부적으로 분류하여 단계가 많아지면 관리가 어렵다.

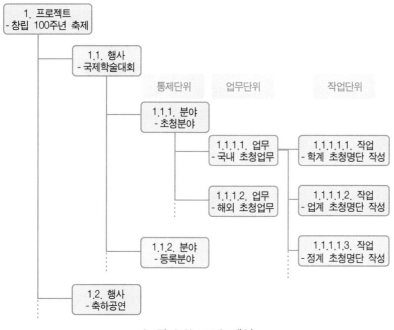

〈그림 5-2〉 WBS 예시

WBS는 구체적으로 제시할 수 있는 산출물을 기준으로 분류하고 원가와 일정을 산정할 수 있는 범위를 기준으로 한다. WBS의 최종단위인 작업단위는 대체로 한 사람이 2주(80MH) 정도의 업무를 통해 마무리할 수 있는 독립적인 작업을 의미한다. 실제로 그 기간 이내에서 보고가 이루어질 수 있을 때 통제가 쉽다. 이러한 여러 작업단위를 모아 유기적이고 익숙한 하나의 업무단위로 묶어 담당자를 지정할 수 있다. 이러한 업무단위가 모이면 통제가 가능한 수준에서 하나의 독립적 범주의 업무분야인 통제단위를 구성한다.

작업단위는 업무단위의 10% 이내의 업무를 차지한다. 예를 들어 업무단위를 1%로 분류하면 2주×100명을 의미한다. 따라서 산술적으로만 계산해서 10명의 인력을 투입했을 때는 20주 정도(약 5개월) 진행하여 완성할 수 있는 업무단위를 산출할 수 있다. 만약 10%로 분류한다면 2주×10명으로 계산할 수 있다. 마찬가지로 5명의 인력을 1개월 정도 투입하였을 때 완성할 수 있는 업무단위도 산출할 수 있다.

MH

man hour, 工數
대략 3년 이상의 숙련자가 한 시간 동안 할 수 있는 작업의 분량을 의미한다. 공수는 어떤 작업을 완성하기 위하여 투여하는 사람의 작업량을 시간, 일, 월 등의 단위로 나타낸 것이다.

WBS를 구성하면 각 구성요소에 대한 자세한 정보를 기술한다. 그 정보에는 각 구성요소의 고유번호, 책임조직 또는 담당자, 구체적인 업무내용, 일정, 관련 업무나 구성요소, 필요한 자원, 비용산정, 산출(결과)물의 품질과 인도(납품) 기준, 기술사항, 계약정보, 기타사항 등을 정리한다.

4. 일정관리

모든 프로젝트는 시작과 끝이 있고 프로젝트를 구성하는 각각의 업무활동도 시작과 끝이 있다. WBS를 통해 프로젝트를 수행하기 위해 완성해야 할 업무들이 무엇인지를 확인한 이후에는 각 업무 활동이 얼마간 어떻게 이루어지는가를 확인한다. 그리고 업무단위를 구체적인 업무활동의 내용을 파악하여 일정을 확정한다. 일정은 간단하게 말하면 각각의 업무활동을 수행할 기간을 의미하지만, 일정은 〈그림 5-3〉과 같이 각 업무 활동의 순서와 업무 활동을 완성하는 데 필요한 자원산정과 기간산정이 들어있다.

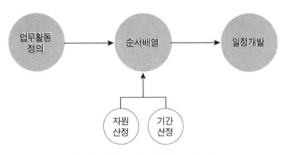

〈그림 5-3〉 일정개발의 절차

1) 업무활동 정의

일정개발을 위해 가장 먼저 할 일은 WBS에서 분류한 업무단위에서 구체적으로 수행할 업무활동이 무엇인지를 정의하는 것이다. 〈그림 5-2〉에서 국제학술대회의 국내초청업무를 수행하기 위하여 완료해야 하는 작업단위는 학계, 업계, 정계 등의 초청명단을 작성하는 것이다. 작업단위 중 하나인 학계 초청명단을 완성하기 위해서는 요구사항 파악, 관련 자료의 수집, 분류, 명단의 문서화 등의 여러 작업이 이루어진다. 각각의 작업을 위해서는 적정한 인적, 물적 자원의 투여가 필요하고 적정한 작업시간을 산출한다. 그리고 각 작업이 순서에 따라 이루어질 때 학계 초청명단을 완성할 수 있을 것이다. 하나의 작업단위에서는 일정개발이 비교적 쉽지만 서로 다른 작업단위, 업무단위, 통제단위가 섞이면 일정개발이 매우 복잡해진다. 따라서 각각의 작업을 명확하게 정의하고 문서로 만드는 것은 일정개발을 위해 매우 중요한 기초적 업무라고 할 수 있다.

작업을 정의한 후 고유번호를 부여하고 작업 범위를 정리한 작업목록을 만든다. 그 목록에는 작업의 속성에 대한 설명을 첨부한다. 그 내용은 고유번호, 작업내용과 범위 외에도 선행작업과 후속작업, 다른 업무와의 연관관계, 필요한 인적·물적 자원, 제약조건 및 기타사항 등을 포함한다. 작업목록을 정리할 때 그중에서 주요일정으로 표시할 주요 작업을 추가로 확인할 필요가 있다.

2) 업무활동의 순서

일정개발을 위해 업무활동 간의 순서를 정하기 위해서는 자원이나 기간은 고려하지 않고 논리적 연관관계를 먼저 살핀다. 순서를 정한다는 것은 어떤 업무활동이 선행하고 어떤 업무활동이 후행하는가를 정하는 것이다. 선행작업과 후행작업의 업무활동 연관관계에는 〈그림 5-4〉와 같이 4가지 종류가 있다.

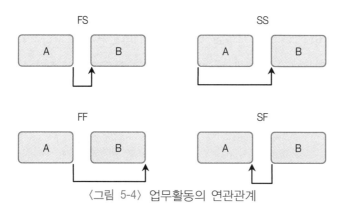

〈그림 5-4〉 업무활동의 연관관계

첫째는 하나의 업무활동을 종료함에 따라 다른 업무활동을 시작할 수 있는 FS(finish-start)관계로 대부분의 업무활동의 순서가 이러한 연관관계를 갖는다. 둘째는 하나의 업무활동을 시작하면 다른 업무활동을 시작할 수 있거나 거의 동시에 시작할 수 있는 SS관계이다. 예를 들면 자료를 수집하는 것과 거의 동시에 자료의 분류를 시작할 수 있는 것이다. 셋째는 하나의 업무를 종료하여야 다른 업무활동을 종료할 수 있거나 거의 동시에 종료할 수 있는 FF관계이다. 예를 들면 귀빈이 입장을 완료하여야 귀빈소개목록을 완성할 수 있는 경우라고 할 수 있다. 끝으로 후행 업무활동을 시작하여야 선행 업무활동을 종료하는 SF관계이다. 예를 들어 업무의 교대에서처럼 교대자가 업무를 시작해야 앞선 근무자가 업무를 종료할 수 있다.

　다음 순서에서 확인할 내용은 하나의 업무활동이 다른 업무활동에 얼마나 앞서서 이루어지는가 하는 선행의 정도와 다른 업무활동에 얼마나 뒤쳐져 나타나는가의 지연의 정도를 살펴보는 것이다. 선행과 지연은 4가지 연관관계 모두에서 확인한다. 예를 들어 〈그림 5-4〉의 FS에서 B업무활동이 FS+3D라면 선행인 A업무활동을 종료한 후 3일만큼 늦게 B업무활동을 시작한다는 것을 의미한다. 만약 FS-3D라면 A업무활동를 종료하기 3일 전에 B업무활동을 시작함으로써 그 3일 기간에는 A업무활동과 B업무활동을 동시에 진행한다.

　그리고 선행 업무활동과 후행 업무활동 간의 종속성을 확인한다. 첫째는 반드시 종속하는 강제종속으로 무대를 세워야 무대 위의 장치를 설치할 수 있는 경우이다. 다음은 상황과 여건에 따라 종속성을 결정할 수 있는 임의종속으로 전문가의 경험에 의존한다. 그리고 끝으로 외부조건에 따라 종속하는 외부종속을 고려할 수 있는데 이벤트의 개최는 협력업체 등 외부자원의 공급에 대부분을 의존하고 있다.

〈표 5-2〉 업무활동 예시

업무활동	선행 업무활동	업무활동 기간
A	-	3
B	A	4
C	A	5
D	B, C	2
E	C	1
F	D, E	5

업무활동의 순서를 배열하는 방법에는 크게 선행도표방법(PDM, Precedence Diagramming Method; AON, Activity on Node)과 방향도표방법(ADM, Arrow Diagramming Method; AOA, Activity on Arrow)이 있다. 처음 개발한 것은 ADM이지만 현재는 PDM을 더 많이 사용하고 있다. 그 이유는 PDM이 업무활동의 4가지 연관관계를 모두 표시할 수 있기 때문이다. 〈표 5-2〉에 제시한 업무활동을 PDM으로 표시하면 〈그림 5-5〉와 같이 그릴 수 있고 각 노드(결절점)에는 업무활동명칭과 기간을 표시하고 화살표로 업무활동의 연관관계를 표시한다. 그리고 ADM으로 정리하면 〈그림 5-6〉과 같고 화살표 위에는 업무활동을 표시하고 노드에는 업무활동의 기간을 표시한다.

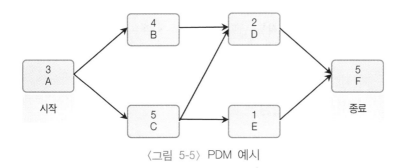

〈그림 5-5〉 PDM 예시

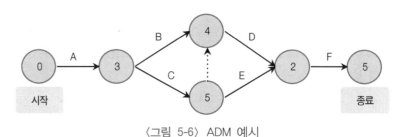

〈그림 5-6〉 ADM 예시

3) 업무활동의 자원산정

정의한 업무활동에 필요한 자원을 산정하기 위해서는 우선 조직이 보유한 가용자원에 대한 검토가 필요하다. 가용자원은 해당 업무활동을 위하여 업무기간에 투입할 수 있는 인력과 물적 자원을 의미하고 가용자원이 부족한 경우에는 예산의 범위 안에서 외부자원의 조달을 검토한다. 넓은 의미에서는 조달할 수 있는 외부자원까지 가용자원에 포함할 수 있다. 다르게 표현하면 자원의 활용과 조달은 전체 조직이 처한 내외부의 경영환경과 자원 활용에 대한 방침에 의해 영향을 받는다.

자원을 산정하는 방법은 먼저 전문가의 판단과 함께 이전의 유사한 정보와 상용정보 등을 활용하여 하향식으로 산정할 수 있다. 그리고 프로젝트 관리 소프트웨어를 활용하여 필요한 자원의 종류, 양, 특성 등을 종합적으로 계산하여 상향식으로 정리하기도 한다. 또한 자원을 산정할 때 경영환경이나 조직의 방침 등의 여건 때문에 해당 업무활동에 필요한 자원의 확보 상황이 바뀔 수 있는지를 판단하고 부족에 대비한 대체 자원을 미리 준비한다.

4) 업무활동의 기간산정

업무활동의 자원산정을 통하여 업무활동에 필요한 자원을 파악하고 가용자원에 대한 확보가 이루어지면 그것을 바탕으로 수행할 업무의 기간을 산정할 수 있다. 기간을 산정하는 방법은 델파이기법이나 유추산정 등을 이용한 전문가 판단, 영향변수를 고려한 모수산정 그리고 3점 추정이 있다.

전문가 판단은 유사한 프로젝트를 수행한 경험과 전문적인 지식을 바탕으로 이루어지는 것으로 그중 대표적인 유추산정은 과거에 경험한 자료를 바탕으로 업무활동의 기간을 비슷한 수준에서 산정한다. 델파이기법은 외부 전문가의 여러 의견을 몇 단계를 통해 종합함으로써 기간을 산정한다. 유추산정은 빠른 의사결정이 필요할 때 유용하고 기간을 산정하는 담당자의 전문성이 높을수록 신뢰도가 높아진다. 델파이기법은 합의한 전문성에 의지하므로 신뢰도는 높지만, 반복적인 합의 절차가 필요해서 신속한 결정이 어렵고 비교적 비용이 많이 든다.

모수산정으로 업무활동의 기간을 산정하기 위해서는 기간산정에 영향을 주는 주요 변수를 먼저 결정한 후 함수관계를 대략 설정하여 기간을 산정한다. 예를 들어 무대 설치를 위해서 다섯 사람의 설치 기술자가 25평의 무대를 설치하는 데 대략 2시간이 필요하다고 하면 100평의 무대를 설치하기 위해 10명의 설치 기술자를 동원한다면 대략 4시간이 필요하다는 것을 알 수 있다. 모수산정 방법은 주요 변수만을 고려하기 때문에 신뢰도가 부족하다.

끝으로 3점 추정은 1958년 미국에서 잠수함용 미사일을 개발할 때 그 개발의 진척 상황을 측정하고 관리하기 위해서 고안한 PERT(program evaluation and review technique)에서 사용한 산정방법이다. 3점 추정이라는 이름이 붙은 것은 비관치(pessimistic), 보통치(most likely), 낙관치(optimistic)의 3가지 변수를 기반으로 기간을 추정하기 때문이다. 3점 추정은 불확실성이 높은 프로젝트의 기간을 추정하기 쉽고 리스크의 정도를 고려할 수 있도록 도와준다. 그리고 추정에는 몬테카를로 분석 방법을 적용함으로써 확률적 정확도를 높일 수 있다. PERT에서는 산정하고자 하는 기대치와 표준편차에 대한 공식을 단순화하여 가중평균을 구하는 방법으로 이루어진다. 공식에서 p는 비관치, m은 보통치, o는 낙관치를 의미하고 보통치에 4배를 사용하여 기대치를 가중평균으로 산정한다. 여기서 3개의 추정치는 β분포를 그린다고 가정한다.

몬테카를로 분석
Monte Carlo analysis
수학자인 Stanislaw Ulam, (1909~ 1984, 미국)이 개발한 통계분석 방법으로 무작위 수와 확률로 시뮬레이션을 시행하여 복잡한 문제의 해를 근사치로 구하는 방법

- 기대치 = $\dfrac{p - o}{6}$

- 표준편차 = $\dfrac{p + 4m + o}{6}$

- 기대확률을 고려한 기대치 = 기대치 + z값 × 표준편차

　예를 들어 효과적인 전시이벤트를 위하여 새로운 프로그램을 개발하려고 할 때 필요한 기간에 대하여 비관치가 40일, 보통치가 25일, 낙관치가 15일이라고 하면 기대할 수 있는 제작 기간과 표준편차는 어떻게 될까?

　주어진 값을 공식에 대입하면 기대치는 (40 + 4 × 25 + 15) / 6 = 25.8로 계산되고 표준편차는 (40 – 15) / 6 = 4.2로 계산한다. 따라서 새로운 프로그램의 제작기간은 80%의 기대확률(z값은 1.29) 안에서 25.8 + 1.29 × 4.2 = 31.2 즉, 약 32일의 제작 기간이 필요하다. 90%의 신뢰수준(z값은 1.65)이면 약 33일, 95%의 신뢰수준(z값은 1.96)이면 약 35일의 제작 기간이 필요하다(여기서 일수는 업무시간을 기준으로 하고 조금만 지나도 하루 업무를 시작한 것이므로 올림으로 계산한다).

　그리고 리스크에 대비하기 위한 예비기간의 산정은 위와 같이 업무 예상시간에 대한 확률분포를 이용하여 계산할 수도 있지만, 뒤에서 소개할 일정에 대한 정량적인 리스크분석을 통해 산정할 수도 있다.

5) 일정개발

　각 업무활동을 정의하고 업무활동의 순서, 자원, 기간 등을 산정하면 전체적인 일정개발에 착수할 수 있다. 일정개발은 일정연계망분석(schedule network analysis)을 통해 각 업무활동이 어떻게 연계하는지를 분석한다. 여기서 자원은 대체로 업무자 또는 업무팀을 의미한다.

　이렇게 각 업무활동의 시작과 종료를 파악하고 일정을 조정하여 통합하

는 기법으로는 CPM, CCPM, 가정시나리오분석 등이 있다.

(1) CPM

CPM(critical path method, 주요경로법)은 1957년 미 화학회사인 듀퐁사가 공장의 건설과 보수를 위해 고안한 일정관리방법이다. CPM은 각 업무활동과 업무활동 간의 논리적 구성에 따라 최적의 일정을 개발한다. 이는 PERT가 개별적인 업무활동을 확률적으로 파악하는 것과 비교할 수 있다. 후에 이 두 가지를 결합하여 PERT로는 개별 일정을 개발하고 CPM으로 주요경로를 개발하는 방식으로 발전하였다.

주요경로(critical path)란 프로젝트의 완성을 위해 반드시 수행하여야 하는 업무활동을 여유기간(float) 없이 차례대로 연결한 것을 의미한다. 주요경로에는 여유기간이 없으므로 업무활동을 지연하면 전체 일정이 늘어나 프로젝트의 완성도 지연된다. 특히 이벤트는 개최 일자가 이미 정해져 있어서 주요경로에서 발생한 일정의 차질은 단순한 일정의 연기가 아니라 이벤트의 실패로 이어질 수 있다.

CPM은 가장 빠른 시작일과 가장 빠른 종료일 그리고 가장 늦은 시작일과 가장 늦은 종료일을 찾아 이를 조정하는 것이라고 할 수 있다. 희망하는 종료 예정일보다 일찍 끝나는 업무활동은 자원을 조정하여 원가를 절감한다. 희망하는 종료 예정일보다 늦게 끝난다면 업무활동의 범위를 조정하거나 자원을 추가 투입하고 가능한 경우 다른 업무활동과 동시에 진행함으로써 종료일정을 조정한다.

주요경로를 도출하는 절차는 다음의 a에서 f까지 7단계로 이루어진다. 각 단계의 이해를 돕기 위해 〈표 5-3〉의 예시를 바탕으로 과정을 정리하였고 〈그림 5-8〉에서 그 예시에 따른 CPM 계산 결과를 볼 수 있다.

a. WBS에 따른 업무활동의 소요기간과 연관관계 목록을 작성한다.
  (여기서 모든 업무 연관관계는 FS이고 선행과 지연이 없는 강제종속이라고 가정한다.)

〈표 5-3〉 업무활동 예시

업무활동	업무활동기간	선행 업무활동	후행 업무활동
A	9	-	B, E
B	4	A	C
C	5	B	D, H
D	7	C	-
E	5	A	H
F	3	-	G
G	2	F	H
H	3	C, E, G	I
I	7	H	-

b. PDM으로 다이어그램을 작성한다. 작성한 경로를 보면 〈그림 5-7〉과 같이 총 4가지 경로가 나타난다. (A업무활동에서 출발하는 3가지 경로와 F업무활동에서 출발하는 1가지 경로가 있다)

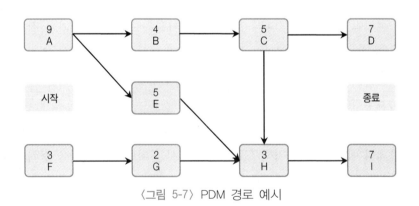

〈그림 5-7〉 PDM 경로 예시

c. 다음으로 빠른 시작일(ES, early start)과 빠른 종료일(EF, early finish)을 전진 계산으로 산출한다. (전진 계산은 업무활동 시작일에서 시작하여 종료일 방향으로 업무 기간을 차례로 더하여 계산한다.)

- ES = 선행 업무활동 EF + 1일
- EF = ES + 업무활동기간 – 1일

d. 전체 업무종료일을 산출한다. 각 업무활동의 EF 중 가장 늦은 EF가 전체 종료일이다. 각 경로를 살펴보면 맨 위의 A → B → C → D 경로는 25일, 다음의 A → B → C → H → I 경로는 28일, 또 다른 A → E → H → I 경로는 24일, 마지막으로 F → G → H → I 경로는 15일을 소요하는 것으로 나타난다. 따라서 업무를 종료하려면 가장 늦은 EF를 기준으로 28일이 필요하다. 바꾸어 말하면 이것이 가장 빠른 종료일로 계산한 경로 중에 가장 긴 경로이다.

e. 늦은 시작일(LS, late start)과 늦은 종료일(LF, late finish)을 후진계산으로 산출한다. (후진계산은 d에서 확인한 가장 긴 경로의 업무활동의 종료일에서 시작일 방향으로 업무 기간을 빼면서 계산한다.)

- LF = 후행 업무활동 LS – 1일
- LS = LF – 업무활동기간 + 1일

d. 여유기간(F, Float)을 계산한다. 여유기간은 늦은 시작(LS)과 빠른 시작(ES) 또는 늦은 종료(LF)와 빠른 종료(EF)의 차이로 계산한다.

- F = LS – ES = LF – EF

f. 여유기간이 0인 업무활동을 순차적으로 정리한다. 〈표 5-4〉에서 정리한 결과에 따르면 A → B → C → H → I 로 이어지는 주요경로(Critical Path)를 확인할 수 있다.

〈표 5-4〉 업무활동 계산 결과 예시

업무활동	D	ES	EF	LS	LF	F
A	9	1	9	1	9	0
B	4	10	13	10	13	0
C	5	14	18	14	18	0
D	7	19	25	22	28	3
E	5	10	14	14	18	4
F	3	1	3	14	16	13
G	2	4	5	17	18	13
H	3	19	21	19	21	0
I	7	22	28	22	28	0

노드(nod) 표기방법

ES	d	EF
	a	
LS	f	LF

ES: early start 빠른 시작
EF: early finish 빠른 종료
LS: late Start 늦은 시작
LF: late finish 늦은 종료
d: duration 업무활동기간
a: activity 업무활동명칭
f: float 여유기간

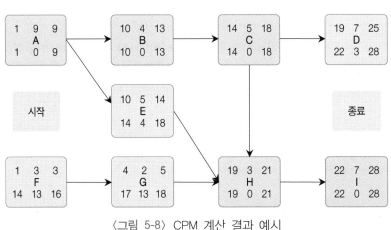

〈그림 5-8〉 CPM 계산 결과 예시

(2) CCPM critical chain project management

CCPM(주요일정계획관리)은 PERT/CPM의 단점을 보완하고자 제안한 관리기법이다. PERT/CPM의 단점은 자원의 능력을 고려하지 않고 순서에만 의존하여 일정을 계획한다는 것과 불확실성을 관리하기 힘들다는 것이다. 이는 자원의 우선순위에 대한 경쟁을 유발하고 예산을 초과하는 경우가 많으며 잦은 일정 변경과 재작업으로 이어지는 경우가 많다는 문제점을 안고 있다. 특히 불확실성을 관리하기 힘든 이유는 〈그림 5-9〉의 학생증후군과 Parkinson의 사회생태학적 법칙에서 설명하듯이 여유기간을 효율적으로 관리하기 어렵기 때문이다.

학생증후군
업무의 시작 초기에는 여유기간을 가지려고 노력하지만 일단 시간을 확보하면 서두를 필요가 없어져 종료 시점이 가까워져야 업무를 시작한다. 따라서 도표에서처럼 시작점에 업무량이 발생하다가 줄어들고 종료점이 가까워지면서 업무량이 큰 폭으로 증가하고 종료 시점이 넘어서야 실행을 종료하는 것을 볼 수 있다. 시험 대비 학생의 벼락치기 공부가 대표적인 예다.

사회생태학적 법칙[47]
Parkinson's law
실제의 업무시간은 배정한 시간을 채우도록 늘어나기 때문에 업무의 지연은 실제 업무시간을 반영하지만 이른 완성은 실제 업무시간을 반영하지 않는다.

– 제1법칙: 관리자의 수(數)는 일의 경중·유무에 상관없이 일정한 비율로 증가한다.
– 제2법칙: 가계나 재정에서 돈은 들어온 만큼 나간다.
– 제3법칙: 확대는 복잡화로 이어지고, 복잡화는 노후의 조짐이다.

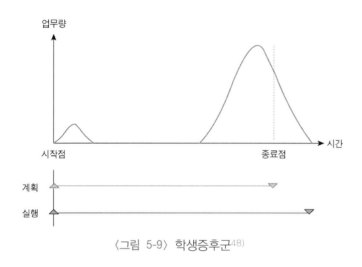

〈그림 5-9〉 학생증후군[48]

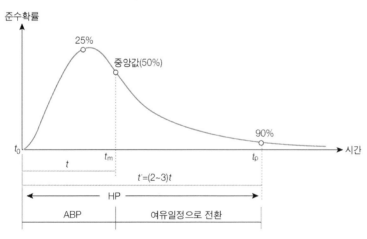

〈그림 5-10〉 업무 완료 예상 시간 확률분포

따라서 CCPM은 프로젝트의 제약요소를 식별하고 자원경쟁을 고려하여 주요일정을 결정하며 여유일정(buffer)을 설정함으로써 불확실성에 대비한다. 먼저 업무 완료 예상 시간을 준수할 확률의 분포를 표시하면 〈그림

5-10〉과 같이 오른쪽이 완만한 확률분포를 보인다.

그림의 확률분포에서 업무의 완료를 예상하는 확률의 50%는 시간의 중앙값(t_m) 이내에서 나타난다. 따라서 평균적으로 업무는 t_m 이전의 시점에 끝낼 수 있다고 예상할 수 있다. 그런데도 업무자는 업무의 완료 예상 시간을 t_p로 제시하는데 이는 확률 90%로 업무의 완료를 예상하는 시점이기 때문이다. 그림에서 구간 t'(HP, Highly Possible)는 구간 t(ABP, Aggressive But Possible)에 비해 2, 3배의 시간이 더 필요한 것을 알 수 있다. 따라서 CCPM에서는 t_m 이후의 시간을 프로젝트 전체의 여유일정을 위한 시간으로 전환하여 활용함으로써 불필요한 여유시간을 줄이고 전체 일정의 신뢰성과 경제성을 확보하고자 한다.

여유일정은 계획여유일정(project buffer), 합류여유일정(feeding buffer), 자원여유일정(resource buffer) 등으로 나눌 수 있다. 각 업무의 여유일정으로부터 산출한 계획여유일정의 잔량의 수를 〈그림 5-11〉과 같이 확인함으로써 업무 일정에 차질없이 업무를 진행할 수 있는지를 알 수 있다.

〈그림 5-11〉 계획여유일정의 잔량

CCPM 일정개발 절차를 간단한 살펴볼 수 있도록 다음과 같이 예시를 제시하였다. 우선 〈표 5-5〉는 임의의 프로젝트를 완성에 필요한 업무활동과 각각의 필요한 예상 업무 기간을 최대요구기간(HP, Highly Possible)과 최소요구기간(ABP, Aggressive But Possible)으로 제시하고 있다. 업무활동 부문의 영문 대문자는 필요한 가상의 자원을 의미한다. 각 일정의 여유일정은 〈그림 5-10〉에서 확인한 바와 같이 HP에서 ABP를 뺀 기간의 약 50% 수준에서 설정하였다.

〈표 5-5〉 업무활동과 업무 예상 기간 예시

업무활동	HP	ABP	HP - ABP	buffer
A1	50	25	25	13
A2	10	5	5	3
B1	10	5	5	3
B2	20	10	10	5
C1	15	9	6	3
C2	40	21	19	10
D1	30	15	15	8
D2	40	20	20	10
E	10	6	4	2
F	20	10	10	5

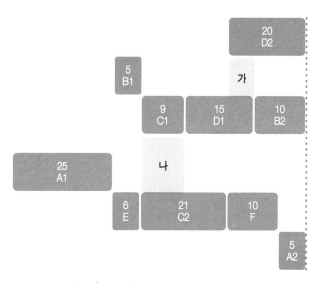

〈그림 5-12〉 업무활동연계망 예시

〈그림 5-12〉는 〈표 5-5〉의 업무활동을 가상의 순서에 따라 간략한 업무
활동연계망으로 표시한 것이다. 먼저 유의해야 할 부분은 자원경쟁이 일어
나는 D자원을 사용하는 업무 D1, D2의 '가' 부분과 C자원을 사용하는 업무
C1, C2의 '나' 부분이다. 각 업무활동의 윗부분에 적힌 숫자는 ABP를 의미
한다.

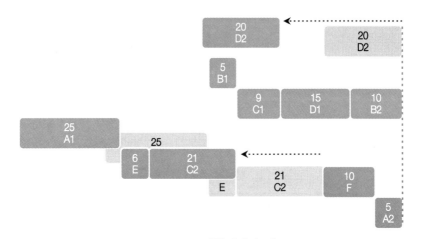

〈그림 5-13〉 자원경쟁의 해소

CCPM으로 일정개발을 하기 위해서는 〈그림 5-13〉과 같이 먼저 자원경쟁
을 해소한다. D1과 D2 업무활동은 동일한 D자원을 활용해서 자원경쟁이
발생하지만, 업무활동이 차례대로 연계되어있지는 않고 D2가 별도로 합
류한다. 따라서 업무연관관계가 없는 별도의 일정인 D2를 D1 앞으로 옮
겨서 미리 작업함으로써 자원경쟁을 해소할 수 있다. 마찬가지로 별도의
일정인 C2도 C1 앞으로 옮길 수 있는데 C2에 연계한 A1, E도 함께 앞으로
옮긴다.

자원경쟁을 해소한 일정을 주요일정과 합류일정으로 표시하면 〈그림
5-14〉와 같다. 주요일정은 엷은 색 상자로 표시한 일정이고 나머지 A2, B1,
D2, F는 합류일정이다.

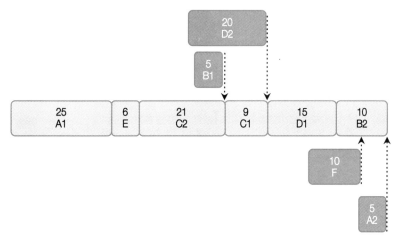

〈그림 5-14〉 주요일정(critical chain)과 합류일정

　자원경쟁을 해소하고 주요일정을 정리하면 〈표 5-5〉에서 제시한 여유일정을 적용하고 〈그림 5-15〉와 같이 CCPM에 따른 총 127일간의 일정 개발을 완성한다. 그 기간 중 계획여유일정(PB, project buffer)은 주요일정의 각 여유기간을 합산한 41일을 안전 기간으로 계산한다. 각 일정을 진행하는 과정에서 일정 지연 등으로 이유로 PB에서 필요한 기간을 가져다 사용하는 경우 여유기간(PB)이 66%인 27일 이하로 남으면 주의가 필요하고, 33%인 14일 이하로 남으면 일정이 위험해진다. 각 합류여유일정(FB, feeding buffer)은 해당 업무활동의 여유일정의 합으로 나타난다. 여기서는 단일한 업무활동으로 제시하였다. 그리고 자원의 준비를 위해 필요한 자원여유일정(resource buffer)은 적용하지 않았다.

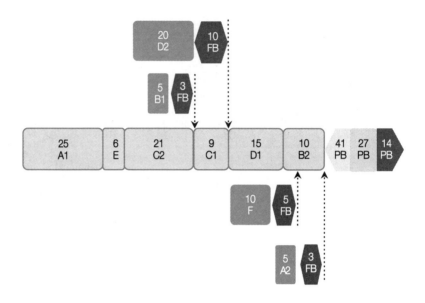

업무활동	buffer
A1 + E + C2 + C1 + D1 + B2	41
A2	3
B1	3
D2	10
F	5

〈그림 5-15〉 일정개발과 여유일정

(3) 주요일정표 milestone chart

주요일정표는 〈표 5-6〉과 같이 주요 이해관계자와 의사소통이 필요한 중요한 업무활동을 날짜에 표시하여 도표로 나타낸 것을 의미한다. 여기서 ▲는 업무일정 시작을 ▼는 업무일정 종료를 의미한다.

〈표 5-6〉 주요일정표 예시

업무활동	담당	1주	2주	3주	4주
기획	기획팀	▲――――――――――▼			
기본계획 수립	홍○○		▲――――――▼		
업무보고	김○○	◆			
디자인	디자인팀	▲――――――――▼			
콘셉트 회의	박○○	◆	◆		
응용 디자인	이○○			▲―▼	
자료수집	오○○	▲――――――――▼			

(4) 일정연계망도표

일정연계망도표(schedule network diagrams)는 시작/종료일, 연관관계, 기간, 주요경로 등을 동시에 보여주는 순서도 형태로 도표를 나타낸다. 〈그림 5-7〉이나 〈그림 5-15〉를 그 예로 볼 수 있다.

(5) 막대도표 bar chart

막대도표는 각 활동의 예상 기간을 시작일과 종료일을 연결하여 표시하고 경영층에 대한 보고와 업무담당 팀의 내부 소통을 위해 활용한다. 도표는 통제단위 수준의 Summary(Hammock) Activity를 나타내는 단일 막대로 요약하여 표시한다.

〈표 5-7〉 막대도표 예시

업무활동	1월				2월				3월				4월			
	1	2	3	4	1	2	3	4	1	2	3	4	1	2	3	4
기획업무																
상황분석																
관계자 미팅																
현장답사																
자료조사																
자료분석																
계획수립																
전략도출																
주제도출																
프로그램 구성																
세부내용 구성																

(6) 간트차트

간트차트(Gantt chart)는 예정한 일정과 실행한 일정을 서로 비교하는 도표이다. 시작-종료 기간을 동시에 표현함으로써 팀 내 의사소통과 업무의 진척 상황에 대한 보고 그리고 팀원의 통제를 위해 활용한다. 〈표 5-8〉의 예시에서 청색으로 처리한 부분은 이미 실행한 업무활동을 의미한다. 따라서 이 경우 지연 업무활동을 보상하기 위하여 전략과 주제를 동시에 도출하고 프로그램 구성이 끝나기 전에 세부내용의 구성을 시작하는 것으로 일정을 조정하였다는 것을 알 수 있다.

〈표 5-8〉 간트차트 예시

업무활동	1월				2월				3월				4월			
	1	2	3	4	1	2	3	4	1	2	3	4	1	2	3	4
기획업무																
상황분석																
관계자 미팅																
현장답사																
자료조사																
자료분석																
계획수립																
전략도출					1주 연기											
주제도출																
프로그램 구성																
세부내용 구성																

Chapter

06

Event planning

예산의 관리

예산의 관리

이벤트의 기획에 있어 예산의 관리는 예상한 수입을 바탕으로 비용의 지출을 산정하고 운영하는 것이다. 예산에서 비용의 산정은 이벤트의 규모와 품질을 결정하는 주요한 업무이다. 그리고 예산의 집행은 확정한 예산을 바탕으로 상황의 변화를 고려하고 자금의 흐름을 효과적으로 통제하여 운영한다.

1. 예산관리 절차

예산관리의 절차는 〈그림 6-1〉과 같이 크게 3부분으로 나눈다. 첫 단계는 이벤트 준비와 개최를 위해 필요한 항목을 결정하고 각각의 원가와 전체 비용을 산정하는 절차이고, 두 번째 단계는 확인한 항목과 원가를 바탕으로 제작의 환경과 기간을 고려하여 예산을 확정하는 절차이며, 마지막 단계는 상황에 따른 변화를 고려하여 원가를 통제하고 예산을 집행하는 절차이다.

〈그림 6-1〉 예산관리의 절차

〈그림 6-2〉는 이벤트의 개최 시기가 다가올수록 이벤트관리자의 예산에 대한 통제 수준은 점점 줄어들고 잘못 집행한 업무를 복구하기 위한 수정 비용이 점점 늘어남을 보여준다. 여기서 통제 수준은 부가가치의 창출 가능성으로 바꾸어 생각할 수 있다.[49]

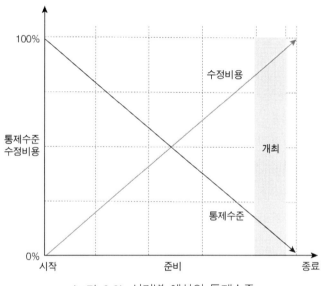

〈그림 6-2〉 시기별 예산의 통제수준

2. 비용산정

1) 고려사항

이벤트 제작에 필요한 비용을 산정할 때 우선 고려할 사항은 위임받은 이벤트 프로젝트의 개요와 업무의 범위 그리고 경제적 여건 등이 무엇인지 파악하는 것이다. 이벤트 프로젝트의 개요와 업무 범위를 파악한다는 것은 이벤트 프로젝트를 어떠한 가정(assumption)과 제약조건(constraints) 아래에서 수행하는지를 파악하는 것이다.

예를 들어 장소, 참가자 수, 개최 기간이나 시기, 할당 예산과 보유 자산

뿐만 아니라 이벤트의 개최 형식이나 연출 방법, 행사의 개최를 위해 필요
한 품격, 개최 시기에 예상할 수 있는 물가나 환율 등도 프로젝트 범위의
가정과 제약조건으로 작용한다. 그리고 이벤트 개최를 위해 필요한 인력과
활용 가능한 인력, 리스크, 공급업체 상황 등을 내부자산과 외부환경으로
나누어 파악하여 반영한다.

그 밖의 업무 범위에 품질관리비용도 필요하다. 품질관리비용은 품질을
유지하기 위해 지출하는 예방비용과 평가비용이 있고 품질 유지에 실패하
여 지출하는 실패비용이 있다. 예방비용의 대표적인 예는 교육훈련비용, 리
허설비용 등이 있고 평가비용은 모니터링을 위한 시스템 구축비용, 설문의
제작비와 실행비용 및 분석비용 등을 들 수 있다.

실패비용에는 제작물 등을 납품하기 전에 발생하는 내부 실패비용과 납
품한 후에 발생하는 외부 실패비용으로 나눌 수 있다. 예를 들어 개최자와
제작자가 상호 협의하여 결정한 디자인과 다른 인쇄물을 제작하였을 때, 납
품 전에 샘플을 확인하여 발견하고 수정하면 내부 실패비용이다. 반면 납
품 후에 개최자가 검수 과정에서 앞서 요구한 것과 다른 것을 확인하여 반
송한 경우는 외부 실패비용이다. 또 다른 예를 들면 행사를 위해 제작한 영
상을 행사과정에서 프로그램 순서에 따라 상영하지 못해 변상하는 경우 이
는 외부 실패비용이다. 외부 실패비용은 단순히 금전적 손해뿐만 아니라
신뢰 손상에 따른 손해까지 발생한다.

2) 산정방법

예산의 원가와 비용을 산정하는 첫 단계에서 개최 이벤트의 목표와 각
업무 범위 그리고 경제적 여건 등을 고려하여 필요한 예산을 추정하고 가
예산을 수립한다. 예산의 비용을 산정하는 방법 중에 많이 사용하는 것은
유추산정(analogous estimating)으로 전문가의 판단에 따라 하향식(top-down)
으로 산정한다. 이는 유사한 기존 행사의 내용을 바탕으로 부문별 또는 항
목별 예산을 설정하고 그에 따라 세부적인 단가를 결정함으로써 원가를 산

원가의 구성
일반적으로 이벤트 예산 중 제조원가
의 많은 부분은 외주항목이 차지한다.
예산의 이윤은 각 항목에서 산출하는
이윤과 예산 전체를 산정한 후에 산출
하는 이윤으로 나눌 수 있다.

· 제조원가(공장원가)
 = 재료비+노무비+경비
 = 직접비+간접비

· 총원가(판매원가)
 = 제조원가+일반관리비+판매비

· 예산
 = 총원가+이윤

출하는 방식이다. 이때 예산을 수립하는 담당자의 전문성과 기존 행사와의 유사성이 높을수록 신뢰도 높은 추정이 가능하다.

　다른 비용산정 방법으로 상향식 추정(bottom-up estimating)이 있다. 이는 세부적인 단가를 수집하여 행사에 필요한 양과 품질에 맞추어 합산함으로써 전체 원가를 산출하는 방식이다. 상향식 추정은 규모가 작을 때는 유추산정에 비해 정확도가 높지만, 업무목록의 규모가 크고 양이 많을수록 정확도가 떨어지고 과대 산정하거나 중복하여 계산하기 쉬우며 유추산정에 비해 더 많은 시간과 노력이 필요하다.

　끝으로 기간산정에서 소개한 PERT의 3점 산정을 사용할 수 있다. 이는 기간산정과 마찬가지로 비관치, 보통치, 낙관치를 기준으로 비용을 확률적으로 산정하는 방법이다. 비관치는 원가가 높을 때, 보통치는 일반적일 때, 낙관치는 원가가 낮을 때로 설정하고 앞에서 소개한 공식을 활용하여 비용을 산정한다. 이는 비용산정의 불확실한 범위를 줄여준다고 알려져 있다.

3) 비용산정의 오차

　비용산정에서 예산 확정의 단계로 진행함에 따라 예산집행에서 실제로 지출하는 비용과의 오차는 줄어든다. 대략 추정(ROM, rough order of magnitude) 단계에서는 ±50% 정도의 오차범위를 보인다. 예산의 부문이나 항목을 구체적으로 정리하는 가 산정(draft budget; order of magnitude or conceptual) 단계에서는 ±25% 정도의 오차범위를 허용한다. 그것을 바탕으로 수입의 규모, 자금의 흐름 등을 고려하여 예산을 구체적으로 산정한 가 예산(budget estimate) 단계에서는 ±10% 정도의 오차범위가 나타난다. 끝으로 이벤트 개최조직 내의 이해관계자의 검토를 거쳐 확정한 예산(definitive estimate)은 −5%(예산의 집행에서 비용을 절감할 수 있는 수준)에서 +10%(예산의 집행에서 비용이 늘어날 수 있는 수준) 정도의 오차범위를 포함한다.

〈표 6-1〉 수입항목과 비용항목[50]

수입항목	행사전	지원금, 기부금, 참가등록비	지자체, 중앙정부, 사회단체, 문화단체, 기업, 개인
		스폰서십	현금, 현물, 용역, 영업권, 라이선스, 휘장, 로고 사용권
		광고판매	프로그램, 행사장, 인쇄물
	행사후	행사장, 프로그램 운영	입장권, 경매, 게임, 전시품 판매, 체험활동, 관광상품, 교통서비스, 식음료
		기념품 판매	프로그램, 의류, 인쇄물, 배지, 비디오, 완구, 스포츠용품
비용항목	관리비		사무실, 집기, 통신, 급여, 우편, 회계, 평가, 보험, 교통, 숙박
	마케팅비		광고, 제작, PR, 판촉
	운영비		임시직, 대여, 식음료, 수송, 청소, 경비, 안전, 주차장, 유니폼
	시설장치비		무대, 음향, 영상, 조명, 천막, 기타 장치
	교육훈련비		운영요원, 자원봉사자, 강사초청, 위탁교육
	프로그램비		출연료, 장식, 오락, 강사초청

4) 수입항목과 비용항목

예산을 수립하기 위해서는 행사 특성에 따라 어떤 항목들을 수입과 지출 항목에 포함할 수 있는지 검토한다.

5) 예비비 산정

위에서 언급한 바와 마찬가지로 비용산정을 통해 확정한 예산은 예산집행 과정에서 오차 없이 진행하기 어렵다. 예산은 미래에 대한 추정과 과거의 경험을 근거로 수립한 것이기 때문이다. 따라서 불확실한 상황을 대비하기 위하여 예비비를 고려하는 것이 합당하다.

예비비(reserve)는 이벤트 프로젝트의 진행에서 발생할 수 있는 예산초과에 대비하기 위한 여유분의 예산을 의미한다. 예비비는 비상예비비와 관리예비비로 나눈다. 비상예비비는 식별(예측)한 리스크를 위해 준비하는 예비비로 예산에 할당하는 준비금이다. 예를 들어 악천후 발생을 예상하여 우산, 난방, 장소 임차, 교통수단 등에 지출하도록 마련한 예산을 의미한다. 비상예비비는 예측한 리스크 상황이 발생하면 관리자가 위임사항에 따라 집행할 수 있다.

반면 관리예비비는 식별(예측)하지 못한 리스크에 대비하기 위한 예비비로 통상적으로 예산에는 포함하지 않고 별도로 준비한다. 식별하지 못한 리스크 상황이나 비상사태가 발생하면 경영진의 판단에 따라 집행한다. 예를 들어 천재지변이나 각종 사고의 발생에 따른 리스크를 상정할 수 있다. 그렇지만 사고에 대한 대비는 대체로 보험에 해당 리스크를 이전하여 해결한다.

3. 예산 확정

비용의 규모를 산정하면 수입의 규모와 자금의 흐름을 고려하여 가예산(budget estimate)을 수립하고 이벤트 개최조직 내의 이해관계자의 검토를 거쳐 예산을 확정한다.

예산을 확정하려면 비용산정과 마찬가지로 이벤트 프로젝트의 개요와 업무 범위를 검토하고 각 항목에서 요구하는 물품량과 업무량 그리고 제작 일정 내에서 각 항목 간의 상호연관성 등을 자세히 검토한다. 그리고 예산을 확정하기 위해서는 각 항목의 계약조건 검토가 필요한데 이는 계약조건이 자금의 흐름에 큰 영향을 미치기 때문이다.

예를 들어 영상시스템을 포함하여 무대 전체는 행사 하루 전까지 설치하는 것이 일반적이고 영상시스템은 무대를 설치하고 난 후에야 설치할 수 있는 것이 통상적이다. 이때 크레인의 사용 등 어떠한 사정 때문에 영상시스템의 설치가 앞당겨져야 한다면 그것에 따라 무대 설치 일정과 전기가설 등 다른 일정도 앞당겨지고 나아가 장소의 임대 기간도 늘어날 수 있다. 따라서 일정과 무대 설치의 상호관계 때문에 비용의 변화가 불가피해짐으로써 예산 조정이 따라온다. 이벤트에서는 예산의 총합계액을 증액하기 어려운 경우가 많은데 이런 경우에는 다른 예산 항목의 축소나 공급업체의 변경 등을 고려한다.

예산을 확정한다는 것은 각 항목의 원가를 합산하여 총원가를 산출함으로써 원가기준선을 확정하고 이벤트 프로젝트를 수행하기 위한 자금요구 수준을 확인하는 것이라고 할 수 있다. 원가기준선은 사업자의 프로젝트 성과를 가늠하는 기준선으로 작용하고 관리예비비와 원가기준선을 합산한 자금 요구수준은 일정별 자금지출에 대한 명확한 자금계획으로 이어진다.

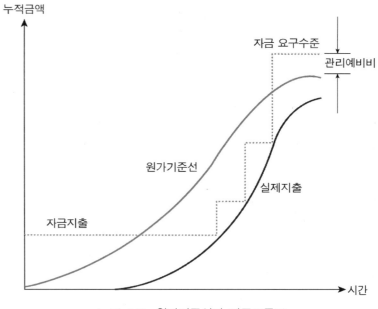

〈그림 6-3〉 원가기준선과 자금흐름[51]

〈그림 6-3〉의 원가기준선과 자금흐름을 보면 이벤트의 개최를 준비하고 종료할 때까지 시간에 따라 예산으로 확정한 원가기준선과 실제지출의 누적금액이 S-곡선으로 나타나는 것을 알 수 있다. 그리고 자금지출은 계단형으로 정해진 시기에 합산하여 지출한다(예를 들어 지난달 말일까지 지출요구 집계분에 대한 다음 달 15일 집행). 자금 요구수준은 원가기준선, 즉 확정예산에 관리예비비를 포함한 금액으로 프로젝트 전체에서 요구하는 자금의 규모이다. 그리고 원가기준선과 실제지출과의 차이는 예산집행의 성과를 의미하고 그 차이가 '0'보다 작아지지 않도록 하여야 한다.

4. 예산집행

예산집행은 배정한 예산을 단순히 집행하는 것이 아니라 변화한 상황을 인지하고 예산의 원가를 통제하고 조정하는 것을 의미한다. 다르게 표현하면 예산계획인 원가기준선에 대비하여 실제지출(실적)을 통제하고 전체 프로젝트가 예산 범위 안에서 이루어질 수 있도록 조정하는 것이다. 조정은 원가와 관련한 변경사항에 대하여 이해관계자 간에 합의를 통해 집행하는 것을 의미한다.

1) 기성고 관리의 의미

미국 국방성에서 1967년 시스템업체를 관리하기 위해서 마련한 '비용 대비 일정 통제체계 표준(C/SCSC, cost/schedule control systems criteria)'으로 개발하였다. 그 후 1996년 32개 표준 항목인 '기성고 관리체계(EVMS, earned value management system)'로 발전하여 여러 분야에서 활용하고 있다. 기성고 관리(EVM, earned value management)는 일정과 예산을 동시에 관리할 수 있어서 예산의 집행과 관리에 효과적이라고 말한다.

기성고는 업무의 수행 성과를 통해 획득한 가치를 의미한다. 기성고 관리는 예산과 실제 지출액 그리고 업무실적을 기반으로 분석한다.

기성고를 정의하는 여러 가지 방법은 다음과 같다.

- 0/100: 업무를 종료했을 때 성과를 100%로 인정하는 방법으로 매우 보수적인 방식이라고 할 수 있다. 이 관점의 기성고에 따라 자금을 지출한다면 업무를 완료한 후에만 대금 지급이 가능하다.

- 50/50: 업무를 시작했을 때 성과를 50% 인정하고 종료했을 때 나머지 50%를 인정하여 총 100%로 산정하는 방법이다. 이 방법의 기성고에 따라 자금을 지출하면 업무를 시작하면 착수금으로 절반을 지급하고 완료한 후에 절반의 잔금을 지급한다.

- 0/50/100: 업무를 시작했을 때는 0%, 50%를 달성하면 50%, 업무가 종료되면 100%로 인정하는 방법이다. 마찬가지로 이 방법의 기성고에 따라 자금을 지출한다면 업무를 50% 진척한 후에 절반의 대금을 지급하고 완료한 후에 절반의 잔금을 지급한다.
- 단위종료: 같은 단위에 대하여 기성고를 할당하는 방법으로 일수, 투여인원, 산출량 등 업무를 평가할 수 있는 적정한 기준을 정하여 기성고를 산출하는 방법이다. 이 경우는 각 청구내용과 집행내용을 확인하여 예산을 집행한다.
- 마일스톤(milestone): 각 업무단위의 중요도에 따라 가중치를 부여하여 기성고를 산출하는 방법이다.
- 백분율: 업무의 성과에 대하여 관리자가 주관적으로 백분율(%)을 설정하여 기성고를 산출하는 방법이다.

2) 기성고 관리와 프로젝트

〈그림 6-4〉에서 예산계획을 나타내는 화살표의 방향은 일정에 따른 프로젝트의 진행과 지출을 의미한다. 그리고 할당예산(BAC, budget at completion, 전체예산, 계획예산)의 지점에서 개최일(목표종료일)에 예산을 소진하고 프로젝트를 마무리한다. 일정 중 특정한 시점의 기성고가 예산 축 방향으로 기울기가 커지면 예산초과의 리스크가 증대하고 시간 축 방향으로 기울기가 작아지면 일정 지연의 리스크가 높아진다. 이벤트 개최일은 변경하기 어려워서 일정 지연에 대한 리스크가 증가하면 지출을 확대하여 자원을 충분히 확보하거나 작업능률의 향상을 통해서 행사개최에 차질이 없도록 조정한다. 만약 일정 지연이나 예산초과의 리스크가 감당키 어려운 수준이라면 이벤트의 연기나 취소를 고려한다.

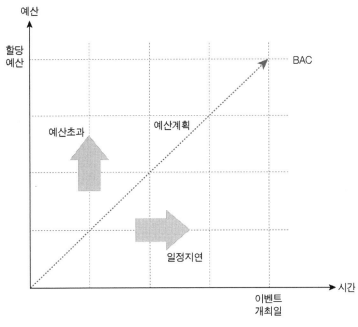

〈그림 6-4〉 예산계획과 프로젝트의 진행

3) 측정요소와 지표

기성고(earned value)를 관리하기 위해서는 위에서 언급한 바와 같이 예산계획(PV), 기성고(EV), 실제비용(AC) 등 3가지 주요 측정요소를 검토한다.

- PV = BCWS
  = 계획 업무량 × 할당 단위예산
  = 계획 일정의 예정 예산

- EV = BCWP
  = 수행한 업무량(진척률 또는 진척도) × 할당 단위예산
  = 수행한 업무의 예정 예산

- AC = ACWP
  = 수행한 업무량 × 실제 투입한 단위비용
  = 수행한 업무의 투입 비용

PV
Planned Value

BCWS
Budgeted Cost for Work Scheduled

EV
Earned Value

BCWP
Budgeted Cost for Work Performed

AC
Actual Cost

ACWP
Actual Cost for Work Performed

예산집행의 기성고 관리의 예를 들어 살펴본다.

○○시는 5월 둘째 주에 개최할 ○○축제의 활성화를 위하여 야외 상설 무대를 설치하기로 하였다. 무대 150㎡와 출연진 대기실을 포함한 부대시설 70㎡ 그리고 조정실 20㎡ 등을 기반시설로 조성하고 음향, 조명, 장치 등의 운영시스템을 추후 일주일간 설비하기로 하였다. ○○축제 개최 전 4개월(1월 1일에서 4월 30일까지) 동안 240㎡ 기반시설을 조성하기 위한 비용은 1㎡당 평균 400만원으로 가정하였다. 따라서 업무에 배정한 총예산은 9억 6천만원이다.

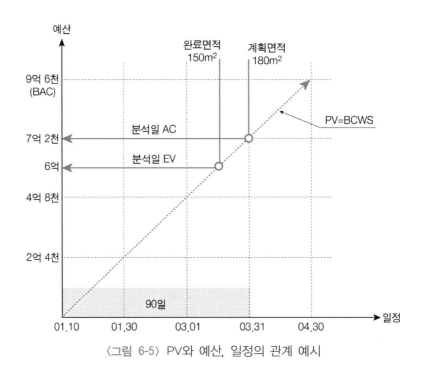

〈그림 6-5〉 PV와 예산, 일정의 관계 예시

1월 1일에 시작하여 90일 동안 업무를 진행하였고 3월 31일 현재 분석일까지 무대와 부대시설을 150㎡ 공사하였으며 AC는 7억 2천만원을 지출하였다. 일정에 따라 균등하게 예산을 지급한다면 PV는 〈그림 6-5〉와 같이 나타난다. 그리고 3개월 시점의 PV가 7억 2천만원으로 업무는 약 180㎡ 즉, 일정의 75%를 달성해야 한다. 지출한 비용을 단위예산으로 나누면 그 비용으로 달성해야 하는 계획면적을 산출할 수 있다.

- 계획면적 = 7억 2천만원(AC) ÷ 400만원/㎡ = 180㎡

한편 제시한 일정을 살펴보면 전체 업무량 240㎡ 중 150㎡를 공사하였으므로 진척률을 계산하면 약 62.5%인 것을 알 수 있다. 그리고 기성고(EV)는 전체 예산액(BAC)의 약 62.5%인 6억원이다. 기성고(EV)의 계산은 수행한 업무량(150㎡)에 할당한 단위예산을 곱해서 산출할 수도 있다. 참고로 분석일을 기준으로 계획 진척률은 75%이고 기반시설 완성을 위해 계획한 전체 기간이 120일이므로 늦어진 지연 일정을 산출하면 15일이다.

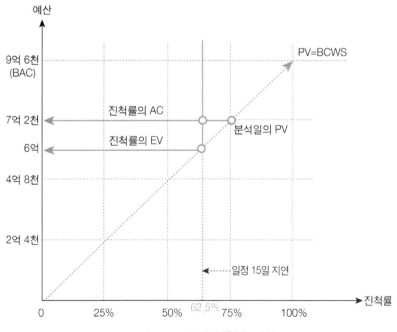

〈그림 6-6〉 EV와 진척률 예시

> - 진척률 = 100 × (150㎡ ÷ 240㎡) = 62.5%
> - EV = 9억 6천만원 × 62.5% = 150㎡ × 4백만원 = 6억원
> - 지연 일정 = 120일 × (75% − 62.5%) = 15일

〈그림 6-5〉와 〈그림 6-6〉을 비교하면 실제 비용인 AC가 7억 2천만원인데 이 경우 진척률에서도 서로 차이가 있다. 참고로 이 프로젝트에 실제로 투입한 단위비용은 계획했던 1㎡당 단위비용인 400만원에서 480만원으로 늘어난 것도 계산할 수 있다.

> - 실제 투입 단위비용 = 7억 2천만원 ÷ 150㎡ = 480만원/㎡

기성고 관리에서는 이러한 측정 요소를 기반으로 기성고와 실제 비용의 차이를 계산하거나 비율을 산출하여 비용에 대한 지표(CV: 비용차, CPI: 비용효율)를 확인할 수 있다. 또한, 기성고와 예산계획의 차이나 비율을 계산하여 일정에 대한 지표(SV: 일정차, SPI: 업무효율)로 사용할 수도 있다.

> - CV(cost variance) = EV − AC
> - CPI(cost performance index) = EV ÷ AC
> - SV(schedule variance) = EV − PV
> - SPI(schedule performance index) = EV ÷ PV

이 예에서 CV는 EV 6억원과 AC 7억 2천만원의 차이인 1억 2천만원 초과이고 CPI는 6억원 ÷ 7억 2천만원 ≒ 0.83으로 비용효율이 약 83%로 낮아 예산을 초과하였다.

그리고 90일 업무 진행 시점에서 획득한 EV가 6억원이고 그 시점에 계획

한 PV가 7억 2천만원이므로 차이인 SV는 1억 2천만원 초과하였다. SPI도
6억원 ÷ 7억 2천만원 ≒ 0.83으로 업무효율도 약 83%로 낮아 일정 지연을
알 수 있다.

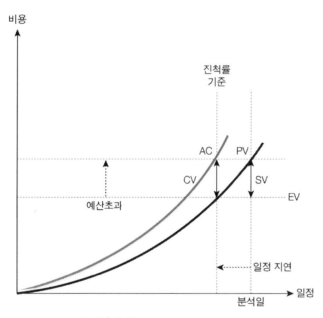

〈그림 6-7〉 기성고의 측정요소

〈표 6-2〉 CV와 CPI

CV(비용차, 비용편차) = EV − AC		CPI(비용효율, 비용성과지표) = EV ÷ AC	
분석 결과	의미	분석 결과	의미
CV > 0	예산 절감	CPI > 1	원가 생산성 양호
CV = 0	계획과 성과 일치	CPI = 1	계획과 성과 일치
CV < 0	예산초과	CPI < 1	원가 생산성 불량

〈그림 6-7〉을 보면 분석일을 기준으로 계획한 가치인 PV보다 기성고인
EV가 낮아 일정 지연을 알 수 있다. 진척률 기준에서 실제비용인 AC의 비
용은 EV보다 높아 예산을 초과하여 비용을 지출하였음도 알 수 있다. 분석

결과에 따른 CV와 CPI의 의미는 〈표 6-2〉와 같고 SV와 SPI의 의미는 〈표 6-3〉과 같다.

〈표 6-3〉 SV와 SPI

SV(일정차, 일정편차) = EV − PV		SPI(업무효율, 일정성과지표) = EV ÷ PV	
분석 결과	의미	분석 결과	의미
SV > 0	일정 단축	SPI > 1	일정 빠름
SV = 0	계획과 성과 일치	SPI = 1	계획과 성과 일치
SV < 0	일정 지연	SPI < 1	일정 느림

4) 예측요소

위와 같이 기성고 분석지표를 통해 프로젝트의 현재 상황을 파악하고 진단하는 것도 중요하지만 기성고 관리는 미래 상황을 예측하고 대비할 수 있도록 도와주는 것에 의의가 있다. 기성고 분석에서 미래예측을 위해 활용하는 요소는 다음과 같다.

(1) 잔여예산(업무량) BCWR

잔여예산(BCWR: budgeted cost for work remaining)은 전체예산에서 분석하고자 하는 어느 시점까지 수행한 업무에 할당한 예산을 뺀 예산을 의미한다. 잔여예산은 남은 업무량을 산정하는 기준이다. 이벤트 프로젝트의 제작에서는 단위당 비용으로 예산을 책정하는 경우는 많지 않으므로 BCWR는 그냥 나머지 예산 또는 남아 있는 업무량으로 이해할 수 있다.

- BCWR = BAC(budget at completion) − EV

위의 예시에서 BAC(할당예산)는 9억 6천만원이고 EV는 6억원이므로 잔여예산(업무량) BCWR을 산출하면 3억 6천만원이다. 그렇지만 AC 기준으로 1억 2천만원을 초과 지출하여 전체예산 BAC 중 실제 가용할 수 있는 예산은 2억 4천만원이고 업무량 대비 예산이 부족함을 알 수 있다. 이 예산의 부족은 다음 항의 설명과 같이 생산성을 고려하여 산정한다. 그리고 실제의 프로젝트에서는 여러 업무를 동시에 진행하기 때문에 이러한 예산의 부족은 업무 간의 충돌을 초래할 수 있다.

(2) 잔여원가 ETC

다음으로 잔여원가(ETC: estimate to complete)는 BCWR과 유사하지만, 프로젝트 완료를 위해 필요한 비용을 의미하므로 다소 차이가 있다. 왜냐하면, 업무의 생산성에 따라 투여 비용이 달라지기 때문이다. 계획했던 그대로 업무를 진행할 때는 차이가 없겠지만 생산성이 예상보다 좋거나 나쁜 경우 또는 생산성을 조절해야 하는 경우 등에 따라 달라진다.

ETC를 산출하는 계산식이 다음과 같이 두 가지로 나누어지는데 그 이유는 현재의 비용효율(CPI)만 고려하거나 업무효율(SPI)을 가중하는 것도 가능하기 때문이다. 참고로 'CPI = 1'인 경우는 BCWR과 같아져 계획 생산성을 그대로 유지하는 것을 의미한다.

- ETC = (BAC − EV) ÷ CPI 또는
    = (BAC − EV) ÷ (CPI × SPI)

위의 예시에서 ETC는 (BAC − EV) 즉 BCWR 3억 6천만원을 CPI 0.83으로 나누어주면 약 4억 3천2백만원이다. 두 번째 계산식을 활용해서 SPI를 가중한 경우는 약 5억 1천8백만원이다. 즉. 현재의 생산성을 유지해서 일정을 연장하는 경우와 현재의 생산성에 일정 단축을 고려하였을 때 필요한 예산을 확인할 수 있다.

그리고 만약 계획 생산성을 유지하는 경우라면 'CPI = 1'이므로 잔여원가는 BCWR과 같은 3억 6천만원이다.

결론적으로 이벤트는 행사개최일이 정해져 있어 일정 단축을 고려해야 한다. 따라서 SPI를 가중한 약 5억 1천8백만원의 잔여원가가 필요하다는 것을 알 수 있다.

(3) 총예상비용 EAC

총예상비용(EAC: estimate at completion)은 분석 시점을 기준으로 프로젝트 종료에 필요한 총비용을 의미한다. EAC는 기성고 관리의 중요한 부분을 차지한다. EAC 산출식은 간단하지만, ETC를 현재의 생산성을 고려하는 경우(비용차 또는 비용차 × 일정차)와 계획 생산성(CPI = 1)을 확보하는 경우로 나누어 그 편차를 비교할 수 있다.

- EAC= AC + ETC

이 예시의 프로젝트를 완수하는 데 필요한 총비용인 EAC를 구하면 다음과 같다. 먼저 이벤트는 개최날짜를 변경할 수 있는 경우가 거의 없으므로 앞서 언급한 것처럼 일정차를 가중한다. 따라서 현재의 실제비용인 AC 7억 2천만원과 가중한 ETC 5억 1천8백만원을 더하면 현재의 생산성 유지하면서 일정을 단축할 수 있다. 이 경우 예산을 총 12억 3천8백만원을 투입하여 계획보다 2억 7천8백만원 초과하는 것을 알 수 있다. 그렇지만 개최 준비 중에 예산계획을 초과한 자금을 확보하기란 매우 어렵고 손해를 감수해야 하므로 예산계획과 관리의 중요성을 알 수 있다.

(4) 예상절감비용 VAC

예상절감비용(VAC: variance at completion)은 분석 시점에서 계획한 예산 비용과 필요한 총예산비용과의 차이를 의미한다. 양수(+)면 예산의 절감을, 음수(−)면 예산의 초과를 예측할 수 있다. 이 경우에서도 EAC 값을 현재의 생산성을 고려한 경우와 계획한 생산성을 투입한 경우로 나누어 계산하고 그 예상 절감 비용 차이를 비교할 수도 있다.

> • VAC = BAC − EAC

이 예시에서 VAC는 BAC 9억 6천만원에서 EAC 12억 3천8백만원을 빼주면 현재의 생산성을 유지하고 일정 단축을 고려하였을 때 −2억 7천8백만원이다. 따라서 음수(−)로 나타나 계획예산을 초과하여 지출하는 것을 알 수 있다.

(5) 목표생산성 TCPI

끝으로 목표생산성(TCPI: to complete performance index)은 할당(계획)예산으로 프로젝트를 종료하는 데 필요한 생산성을 의미한다. 'TCPI ≤ 1'이면 할당한 예산 범위에서 업무를 종료할 수 있음을 예측하고 'TCPI > 1'이면 초과 비용이 필요함을 의미한다.

> • TCPI = (BAC − EV) ÷ (BAC − AC) 또는
>   = (BAC − EV) ÷ (EAC − AC)

이 예에서 (BAC − EV)가 3억 6천만원이고 생산성에 따라 (BAC − AC)는 2억 4천만원, (EAC − AC)는 5억 1천8백만원이므로 계산식에 대입하면 TCPI를 각각 1.50과 약 0.69로 산출한다. 이 결과의 의미는 계획할당예산(BAC)인 9억 6천만원으로 일정을 마무리하기 위해서는 계획 대비 약 1.5배의 생산성 향상이 필요하고 증액한 12억 3천8백만원의 EAC 예산으로 마무리한다면 계획 대비 0.69배 정도의 생산성이 필요하여 현재 시점의 생산성인

CPI 0.83보다 약 14% 정도 낮은 생산성으로도 업무를 종료할 수 있다는 것을 의미한다.

실제 이벤트에서는 추가 예산의 확보가 쉽지 않다. 따라서 1.50배 이상의 생산성 향상을 선택하는 예가 많다. 그렇지만 새로운 기술의 도입, 전문인력의 교체, 작업 순서의 변경 등 다양한 해결 방법이 가능하다. 현실에서는 기존 조직 내의 업무 강도를 높이는 방법으로 문제를 해결하는 경우가 많지만, 더욱더 적극적이고 창의적인 해결책 모색이 필요하다.

5) 기타 재무용어

회수기간(P.P., Payback Period): 투자금액의 회수까지의 기간(화폐의 시간가치는 고려하지 않음)

- P.P. = 투자금액 ÷ 단위기간 수익

미래가치(FV, Future Value): 현재 금액의 미래에 대한 가치

- $FV = PV(1+r)n$
  PV: 현재가치(present value)
  r: 예상 이자율
  n: 기간(년)

수익비용-비율(BCR, Benefit-Cost Ratio): 투자액(비용) 대비 회수금액(매출액)

- BCR = 매출액 ÷ 비용

순현재가치(순현가, NPV, Net Present Value): 미래 실현금액의 현재가치이고 리스크 사항은 고려하지 않은 가치이며 'NPV ≥ 0'이면 투자가 가치 높다고 판단함

- $NPV = \Sigma \dfrac{CI_t - CO_t}{(1+r)^t}$

    CI: 현금유입

    CO: 현금유출

    r: 할인율(이자율)

    t: 기간(년)

5. 스폰서십 관리

1) 스폰서십의 개념

이벤트개최자는 충분한 재원을 확보하고 참가자에게 양질의 서비스를 제공하는 방법의 하나로 스폰서십을 찾고 스폰서(후원, 협찬자)는 효과적인 마케팅의 수단의 하나로 스폰서십을 활용한다. 따라서 이벤트개최자는 스폰서에게서 참가자와의 마케팅 접점을 제공하는 대가로 재원이나 서비스를 얻는다.

〈표 6-4〉 스폰서십의 개념

학 자	정의
Meenaghan(1983)	스폰서십은 상업적 목적을 달성하기 위한 상업활동에 대한 재정 또는 현물 지원의 제공
IEG(2009) (International Events Group)	스폰서십은 기업이 이벤트 자산과 관련한 유용한 상업적 잠재력에 접근하기 위해 대가를 지급하는 상업적 관계를 말함[52]
Getz(1997)	스폰서십은 특정 편익(Benefits) 또는 특정 성과(Performance)를 얻기 위한 목적으로 자원(Resources)을 제공하는 개인, 기관 또는 단체[53]
Goldblatt(1997)	스폰서십은 양측이 제의(Offer)와 수락(Acceptance)을 통해 합의한 상업적 거래로서, 일반적으로 스폰서가 현금 또는 현물로 제공한 것에 대해 이벤트개최자가 제공하는 마케팅서비스를 포함함[54]
이경모(2004)	스폰서십은 기부금이나 자선기금과 성격이 다르고, 표적시장에 접근하여 촉진활동을 수행함으로써 상업적 대가를 기대하는 개인, 기업 또는 단체가 제공하는 현금, 현물 또는 용역[55]

Meenaghan(1983)은 오래전에 스폰서십을 상업적 목적을 달성하기 위한 상업활동에 대한 재정 또는 현물 지원의 제공으로 설명했다.[56] 스폰서십은 자선이나 지원이 아니라 스폰서(기업)가 선택하는 전략적인 마케팅 투자이기 때문에 개최자와 스폰서 간의 사업적 협력이라는 관점에서 접근할 필요가 있다. 스폰서는 이벤트의 자산(property)을 활용하여 브랜드가치와 매출 잠재력에 대한 직접적인 효과를 기대한다.[57] 스폰서십에 대한 몇 가지 개념을 살펴보면 〈표 6-4〉와 같다.

2) 스폰서십의 발달

스폰서십의 예는 A.D. 14C 르네상스와 B.C. 5C 고대 그리스의 올림픽까지 거슬러 올라가 확인할 수 있다. 고대 그리스의 귀족은 올림픽에 출전하는 선수들을 후원하였다. 그리고 르네상스 시대에 피렌체공화국을 통치했던 메디치(Medici) 가문은 미술가, 조각가, 시인 등 학문과 예술을 후원하며 르네상스 번성의 중심 동력이 되었다.[58]

〈표 6-5〉 스폰서십의 발달

항 목	내용
스폰서십의 유래	- 14~15C 이탈리아 르네상스 시대 메디치 가문의 예술가 후원
현대적 개념의 스폰서십	- 프로 스포츠 이벤트를 통해 활성화 　: 1984 LA올림픽의 상업적 성공(2억달러의 순수입) - 세분시장 공략을 위한 광고주의 요구(미국)
스폰서십의 변화	- 스포츠이벤트와 더불어 문화공연이벤트에 관한 관심 증가 　: 표적화 용이, 고소득층 공략 등

　미국의 대표적인 스폰서십 컨설팅 회사인 IEG(2018)의 보고서를 보면 스폰서십 규모를 가늠할 수 있다. 2017년 전 세계에서 스폰서십 투입 비용은 619억달러이다. 그중 북미에서 지출한 비용만 총 231억달러인데 그 구성을 살펴보면 스포츠이벤트가 70%로 가장 많고 나머지는 엔터테인먼트이벤트에 10%, 사회적 이벤트에 9% 그리고 축제, 전시 등 정기적 이벤트와 예술분야 이벤트에 각각 4%, 협회나 단체이벤트에 3%를 후원하는 것으로 나타난다. 그리고 매년 그 규모는 4% 이상 성장하는 것으로 보고하고 있다.

　현대적 개념의 스폰서십은 앞에서 확인한 것처럼 스포츠이벤트 분야에서 두드러지는데 그 대표적인 예로 1984년 미국에서 개최한 L.A.올림픽이라고 할 수 있다. 당시 조직위원회는 스폰서십을 통해 2억달러의 순수입을 기록했고 1988년 서울올림픽부터는 TOP(The Olympic Partner)라는 공식적인 스폰서십 제도를 도입하여 참여 기업에게 배타적 마케팅 기회를 제공하고 있다. 스폰서십에 관심도가 높은 것은 그 효과에 대한 신뢰도가 높기 때문이다. 한 연구에 따르면 기업의 인지도 상승을 위해서 일반적으로 1억달러를 투입했을 때 1%의 상승효과가 있지만, 올림픽에서는 같은 비용으로 3%의 상승효과가 있다고 보고한다.[59]

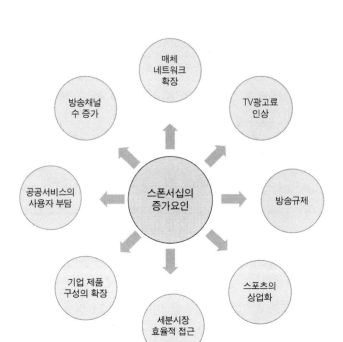

〈그림 6-8〉 스폰서십의 증가요인[60]

  그밖에 스폰서십이 증가한 요인들을 살펴보면 먼저 대표적인 것은 매체의 증가와 광고 상황의 변화라고 할 수 있다. 지역 매체가 증가하고 그들이 관계하여 개최하는 이벤트에서 스폰서십을 활용하는 경우가 많아졌다. 그리고 기업의 방송광고비가 증가함으로써 대체 촉진 수단을 찾는 것과도 관련 있다. 특히 스포츠이벤트의 상업화는 스폰서십의 폭발적인 증가에 크게 영향을 미쳤다. 그리고 방송규제 상품의 경우 표적 대상과의 접점을 찾으려는 방법으로 스폰서십을 자주 활용하고 있다. 그리고 스포츠이벤트와 문화공연이벤트와 같이 특정 세분 집단에 효율적으로 접근하기 쉬운 매체가 이벤트라고 인식하기 때문이다.

3) 스폰서십의 추구편익

  광고비용은 증가하고 그 효과는 감소하는 환경 속에서 기업은 스폰서십을 고객에게 다가가는 유용한 마케팅 도구로 인식하고 있다. 고객과의 커뮤니케이션과 이미지 제고에 있어 다른 촉진 도구보다 효율적인데 이는 사람들이 광고나 다른 촉진 방법보다 스폰서십을 통한 노출에 더욱 긍정적인 태도를 보이기 때문이다.[61]

(1) 기업의 추구편익

기업이 이벤트 스폰서십을 통해 얻고자 하는 편익은 다양하다. 쉽게 생각할 수 있는 편익은 이벤트에서 제공하는 여러 자산(property)이나 매체를 활용하여 기업의 명칭이나 브랜드를 최대한 노출하는 것이다. 이러한 노출을 통해 특정 표적시장 또는 고객과 관계의 지속성을 확보하고 브랜드이미지를 강화할 수 있다. 그리고 이벤트를 이용하여 기업과 제품의 대중적 인지도를 높이고 긍정적 이미지를 창출할 수 있다.

이벤트를 개최하는 현장은 신제품 등 고객과의 접점을 찾기 어려운 상품의 직접판매를 위한 장소로 활용할 수 있다. 또한, 후원을 통해 샘플링이나 신상품 테스트 등을 위한 안정적인 기회를 확보할 수 있다. 특히 경쟁사를 배제한 고객과의 만남은 상품이 제공하는 특정 편익을 강조하거나 종합적인 상품인식 강화의 기회로 충분히 활용할 수 있다. 그리고 인지도가 높고 이미지가 좋은 이벤트의 후원을 선점함으로써 경쟁사에 대한 우의를 확보하고 기업과 제품의 차별화를 도모할 수 있다. 이벤트를 통한 고객과의 직접적인 만남과 다양한 형태의 경험은 유대관계를 높일 수 있다. 그리고 그 목표대상이 틈새시장이나 선도그룹일 때는 더욱 효과적으로 이벤트 후원을 활용할 수 있다.

이벤트의 체험은 고객과 업무협력자에게 즐거움을 공유하는 기회를 제공한다. 그리고 다양한 이해관계자가 참여하는 이벤트의 후원을 통해 B to C 형태의 최종 고객과의 만남은 물론 B to B (기업 대 기업), B to G (기업 대 정부나 공공기관)의 만남도 가능하다. 기업의 이벤트 참여는 새로운 만남의 기회를 창출하거나 기존의 유대를 확장하고 다른 주체들과의 상생적 협력의 길을 열어 준다. 그리고 공공성이 높은 이벤트를 후원하고 참여함으로써 기업의 사회적 책임성을 강화하고 지역사회에 대한 공헌도를 높이며 긍정적인 기업 이미지를 획득할 수 있다.

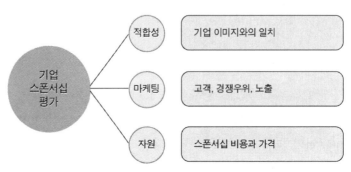

〈그림 6-9〉 기업의 스폰서십 평가요소

(2) 스폰서십 평가요소

기업이 이벤트 스폰서십에 참여할 것인가를 판단하는 기준은 크게 3가지로 나누어 생각할 수 있다. 첫째는 적합성 측면으로 이벤트의 목적이나 특성이 기업의 이미지와 일치하는가를 검토하는 것이다. 둘째는 마케팅 측면으로 이벤트의 참가자와 기업이 목표로 하는 고객이 일치하는가를 확인한다. 그리고 경쟁우위를 확보할 수 있는가와 브랜드를 충분히 노출할 수 있는가를 살피는 것이다. 셋째는 자원 측면으로 후원 비용을 감당할 재원이나 다른 자원이 있는가 그리고 그 비용이 적정한가를 살피는 것이다.

(3) 개최자의 추구편익

이벤트개최자가 스폰서에서 얻고자 하는 것은 그 무엇보다 재무적 필요성이다. 스폰서십을 통해 추가적인 예산의 확보는 물론 물적 자원과 서비스를 확보하는 것이다. 그렇지만 재원의 확보가 아니더라도 영향력 있는 후원자를 확보함으로써 이벤트의 이미지를 개선하고 지지자를 확대하는 수단으로 활용할 수 있다. 스폰서로부터 전문적인 기술이나 서비스를 확보하거나 마케팅의 범위를 확장하는 효과도 기대할 수 있다.

4) 스폰서십의 유형

스폰서십 유형에는 기업명을 이벤트의 명칭에 결합해서 활용하는 타이틀 스폰서, 이벤트 명칭을 활용하여 상품을 판매하는 상품 판매 스폰서, 그리고 행사장 내 간판이나 영상, 입장권이나 안내책자, 홈페이지나 홍보영상 등에 광고를 노출하는 매체 노출 스폰서로 구분할 수 있다. 스폰서는 그 대가로 〈그림 6-10〉과 같이 현금, 현물, 용역 등을 제공하고 마케팅 활동을 지원한다. 때로는 행사에 꼭 필요한 전문인력이나 기술, 장비 등을 대가로 지급하기도 한다.

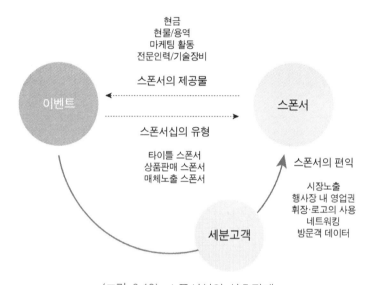

〈그림 6-10〉 스폰서십의 상호관계

메가이벤트의 스폰서는 〈표 6-6〉과 같이 공식후원자, 공식공급업자, 공식상품화업자로 등으로 구분하기도 한다. 공식후원자는 후원의 대가로 일정 기간 엠블럼, 로고 등 휘장을 사용할 수 있는 권리를 획득한다. 여기서 일정 기간은 준비기간, 행사기간, 행사 후 기간까지를 포함할 수 있다. 올림픽의 공식후원자인 TOP는 그 정해진 기간에 전 세계를 대상으로 스폰서의 권리를 행사한다. 공식공급업자는 행사의 준비와 행사 기간에 필요한 물자

TOP
The Olympic Partners
IOC는 1988년 서울올림픽을 목표로 1985년부터 공식후원자인 TOP를 처음 운영함
참고로, IOC의 수입 중 TOP가 약 18% 정도를 차지하고 중계권료가 약 73% 정도를 차지함

나 용역을 공급하고 휘장을 사용할 수 있는 권리를 얻는다. 많은 경우 공식 공급업자의 권리는 행사가 이루어지는 개최지역이나 국가에 한정하여 권리를 인정한다. 공식상품화업자는 휘장을 활용하여 상품을 제조·판매하는 후원자로 그 권리는 행사지역인 국가에 한정하는 경우와 전 세계적으로 권리를 인정하는 경우로 나눌 수 있다.

〈표 6-6〉 메가이벤트 스폰서의 종류

구분	스폰서의 성격
공식후원자 (Official Sponsor)	일정 금액을 지급하고 공식 후원자로서 휘장을 사용할 수 있는 권리를 가진 자
공식공급업자 (Official Supplier)	물자나 용역을 지원하고 휘장을 사용할 수 있는 권리를 가진 자
공식상품화업자 (Official Licensee)	일정 금액을 지급하고 휘장을 이용해 상품을 제조·판매할 수 있는 권리를 가진 자

5) 스폰서십의 관리과정

스폰서십을 유치하고 관리하는 과정은 스폰서십 규모의 결정, 스폰서십 제안, 스폰서십의 결정, 스폰서십의 실행과 평가로 나누어 생각할 수 있다.

예산관리의 비용산정에서 필요로 하는 스폰서십 규모를 결정하면 잠재 스폰서를 가늠하여 스폰서십 등급의 수와 수준을 결정한다. 스폰서십을 제안하기 위해서 잠재 스폰서를 조사하고 접근 가능한 스폰서의 편익을 분석하여 적정한 스폰서십을 제안한다. 이 과정에서 조사 내용에 따라 스폰서십 등급 기준을 조정할 수 있다. 스폰서십 제안을 수락하면 협의를 통해 스폰서십의 세부내용을 조정하고 계약을 체결한다. 행사 기간이나 그 후에는 스폰서가 현금의 지급을 지연하거나 개최조직을 해산하여 정산이 어려워질 수 있으므로 행사 전에 대가를 받도록 한다. 계약이 성립되면 스폰서십을 실행하고 행사를 종료하면 그 내용을 평가하여 보고한다. 스폰서십의 관리과정은 〈그림 6-11〉과 같다.

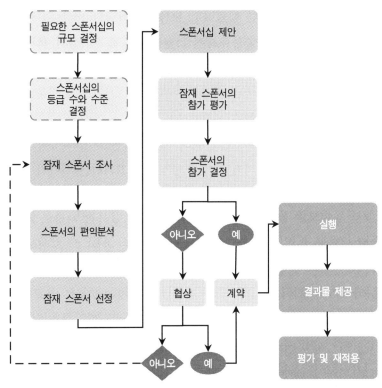

〈그림 6-11〉 스폰서십의 관리과정[62]

6) 스폰서 탐색

스폰서십에 대한 탐색은 해당 스폰서가 예산계획과 활용계획을 세울 수 있는 충분한 기간을 고려한다. 스폰서를 탐색하는 과정은 잠재 스폰서의 목록을 작성하는 것으로부터 시작한다. 스폰서십은 개최조직이 직접 모집할 수 있지만, 광고의 유치과정과 비슷한 점이 많아서 광고대행사의 네트워크를 활용하는 것이 효율적이다. 스폰서십의 결정은 하부조직보다 의사결정권자의 전략적 결정에 따르는 경우가 많아서 경영자 등 임원을 제안서 설명의 수신 목표로 정한다.

스폰서십을 제안하기 위해서는 잠재 스폰서의 시장 내 위치, 마케팅전략 등을 파악하고 그에 따라 제공할 수 있는 편익을 체계적으로 엮어서 편익패키지로 제공한다. 제안설명은 스폰서의 이미지 향상, 경제적 효익 등에 대한 공식적이고 신뢰도 높은 데이터의 제시가 중요하다. 또한, 잠재 스폰서의 의사결정권자와 사전에 유대관계를 형성하고 스폰서십의 효과를 직접 체험할 수 있도록 기회를 제공하는 것도 좋은 방법이다. 예를 들어 앞선 행사의 연회 등에 특별 손님이나 연사로 초청하여 스폰서로서 얻을 혜택이나 유대를 미리 맛보도록 할 수 있다.

스폰서십을 성공적으로 유치하기 위해서는 주어진 대내외 상황과 스폰서의 마케팅전략, 이벤트의 비전 등을 종합적으로 고려하는 전략적 접근이 필요하다. 스폰서십의 유치를 위해서는 스폰서의 욕구를 충족시킬 수 있는 흥미로운 홍보마케팅 아이디어가 중요하지만, 그것보다 우선하는 것은 이벤트의 좋은 이미지와 평판이고 그것을 구체적으로 드러낼 수 있어야 한다. 그리고 명확한 개최목적과 목표, 구체적인 목표 고객에 관한 제시가 필요하다.

스폰서십을 결정하고 난 후에는 실행과정에서 발생하는 편익을 스폰서가 충분히 인식하고 만족할 수 있도록 정보를 지속해서 제공한다. 스폰서십의 제공에 따라 행사를 잘 준비하고 있음을 알 수 있도록 관련 예산을 공개하고 이벤트의 진행 과정에 대한 정보를 제공함으로써 이벤트 참여에 대한 의미를 부여할 수 있다.

7) 스폰서십 제안서

스폰서십 제안서에 포함되는 일반적인 내용에는 스폰서십의 개요, 스폰십의 배경과 목표, 이벤트의 목표 고객, 스폰서십의 규모, 업무 진행계획 등이 있다.

개요에는 이벤트의 개최 연혁이나 역사, 개최목적과 목표 그리고 스폰서의 역할이나 파트너십에 대한 설명을 포함한다. 배경에서는 이벤트의 개최 결정에 대한 설명과 스폰서십이 차지하는 경제적 위치 등을 제시한다. 목표는 스폰서십을 통해 스폰서가 달성할 수 있는 편익을 구체적으로 제시한다. 이벤트의 목표 고객은 행사의 참가대상뿐만 아니라 방송이나 인터넷을 통해 소식을 접하는 마케팅 대상자나 시청자를 구분하여 제시한다. 스폰서십의 규모는 등급에 따른 스폰서십의 유형과 구체적인 조건을 제안한다. 업무 진행계획은 주요 업무의 일정과 기한 그리고 각 업무담당자를 명시한다.

8) 스폰서십 계약

스폰서십 계약은 개최자와 스폰서의 의무와 권리를 명확히 하여 상호 간에 신의에 따라 약정한 업무를 정확하게 실행하기 위해 체결한다. 개최자의 의무사항은 이벤트를 마케팅에 활용하려는 다른 조직이나 단체로부터 스폰서의 권리를 보호한다는 것임을 명시한다. 특히 공식스폰서의 정당한 마케팅 활동을 무력하게 만드는 잠복마케팅(Ambush Marketing)에 대해 충분히 대비한다. 그리고 스폰서가 스폰서십에서 지향하는 목적을 달성할 수 있도록 지원한다. 스폰서에게 개최 진행 상황에 관한 충분한 정보를 제공하고 위협사항에 대해 알릴 의무가 있다. 그리고 개최조직원 모두가 스폰서십에 대해 충분히 인지하고 업무에 적용할 수 있도록 한다. 스폰서의 중요한 의무는 스폰서십으로 제공하기로 한 현금, 현물, 용역 등을 계약한 기간 안에 제공하고 이벤트의 성공적 운영을 위해 협조하는 것이다. 스폰서십의 주요 계약조항은 〈그림 6-12〉와 같다.

〈그림 6-12〉 스폰서십 계약조항

9) 스폰서십 결과보고

이벤트 종료 후 스폰서에게 제공할 스폰서십 실행에 대한 보고자료에는 다음과 같은 내용을 정리한다.

- 입장권 판매 수량 및 방문객 수 등 참가자 인원에 관련한 자료
- 인구통계학적 특성과 개인·단체의 구분 등 방문객 프로필
- 스폰서의 매체 노출 자료
  : 사진, 비디오, 광고메시지, 로고, 부스, 보도자료, 브로슈어, 광고 등의 내용과 접촉빈도와 수량
  : 기사의 내용/날짜/사이즈, 방송유형/길이/프로그램/시청률 등
- 스폰서 상품의 행사장 내 판매량과 금액
- 관련 홍보에 대한 광고비용으로 환산한 가치
- 일반 대중의 인식과 반응에 대한 자료
- 이벤트의 영향과 효과

Chapter

07

Event planning

조직관리와
이해관계자

조직관리와 이해관계자

이벤트의 개최는 어떤 경우에도 혼자서 모든 업무를 다 수행할 수 없다. 가령 혼자서 모든 업무를 다 할 수 있다고 하여도 결국 사람들이 모여야 이벤트를 개최할 수 있으므로 이벤트는 사람과 사람의 연결을 회피하고서는 이루어질 수 없다. 이벤트의 조직은 크게 준비조직과 실행조직으로 나눌 수 있고 행사개최가 다가올수록 참여 인력이 늘어난다. 그리고 개최 시기 직전에 개최환경에 적합한 조직으로 급격한 확장이 이루어졌다가 행사 종료 후 해산한다.

1. 조직관리의 절차

이벤트 제작과 이를 담당하는 조직을 구성하기 위해서는 이벤트 개최에 영향력을 행사하거나 이벤트 개최로 영향을 받는 조직 내외부 이해관계자에 대한 고려가 필요하다.

〈그림 7-1〉 조직관리의 절차

이벤트 개최를 위한 일반적인 조직의 관리 절차는 〈그림 7-1〉과 같다. 첫 단계 조직계획에서 개최목표를 바탕으로 조직구성과 활용에 대한 전반적인 계획을 수립한다. 다음에 조직구성은 필요한 인력을 선발하여 업무에 배치하는 과정이고 능력개발은 각 업무에 대한 정보를 제공하고 필요한 전문적 능력을 배양하는 과정이다. 마지막 단계인 조직관리는 배치한 구성원의 업무수행을 관리하는 단계로 감독과 평가, 해산 등의 내용으로 이루어진다. 조직구성, 능력개발, 조직관리는 서로 순차적으로 이루어지기는 하지만 관리과정 중에도 지속해서 능력개발이나 재배치가 발생한다.

2. 조직계획

1) 조직관리의 개념

이벤트를 제작하는 핵심 동력은 바로 프로젝트를 수행하는 조직구성원이라고 할 수 있다. 조직을 어떻게 구성하고 관리하느냐는 이벤트의 성공 여부와 맞닿아 있다. 따라서 이벤트의 조직관리는 개최목적을 달성하기 위해 개최내용에 가장 적합한 조직원을 선발하여 배치하고 계발, 관리하는 것이다. 특히 이벤트는 프로젝트를 위한 한시적인 조직이 많고 행사에 임박하여 새로운 구성원의 참여도 많아지므로 조직관리에 더욱 많은 어려움이 따른다.

이벤트 조직구성의 핵심 인력은 주최자나 이해관계자로부터 권한을 위임받아 임파워먼트(empowerment)의 개념을 바탕으로 업무를 수행하기 때문에 창조적인 역량과 자주적인 업무 재량이 필요하다. 효과적인 조직의 관리를 위해서는 동기부여, 성과와 보상, 다양성 관리, 업무환경과 분위기의 조성 등 여러 가지 방법을 고려한다.

이벤트의 조직구성을 단일 프로젝트의 일시적 조직이라는 개념에서 접근할 때 지시적 리더십을 먼저 떠올리기 쉽다. 그렇지만 성공적인 이벤트 제작을 위해서는 각 구성원이 신속히 조직의 업무에 참여하고 프로젝트의 계획과 의사결정과정에 가능한 한 많이 참여할 수 있도록 독려할 필요가 있다. 조직원의 의사결정 참여는 자주적 의식과 업무에 대한 헌신을 높일 수 있고 전문능력의 향상과 활용에도 긍정적이다. 이것은 모든 조직원이

임파워먼트
empowerment
임파워먼트는 권한 부여, 권한이양의 의미로 담당자에게 업무 재량과 자원 통제력을 위임하여 책임 범위를 확장하고 능력과 창의력을 발휘하도록 함으로써 환경변화에 신속하게 대응할 수 있는 조직의 기반이 됨
관계적 관점과 동기적 관점으로 나누어 적용할 수 있음

모든 의사결정에 반드시 참여해야 하는 것을 의미하는 것이라기보다는 각 업무 진행을 위한 정보와 의미와 목적을 적극적으로 공유하는 것을 의미한다.

조직구성원을 적절하게 관리하기 위해서는 프로젝트의 내부환경과 외부환경을 고려한다. 내부환경에는 개최자, 제작일정, 재무상태, 마케팅, 기술환경, 업무환경, 조직문화 등이 있다. 여기서 대행사 등과 같이 운영조직이 개최자와 다른 경우에는 개최자는 조직의 외부환경이라고 할 수 있다. 외부환경에는 개최지, 협력회사, 참가자, 경쟁자, 지역사회, 정치·경제적 상황, 노동시장, 법률적 상황, 노동조합 등이 있다.

2) 조직계획

조직계획은 이벤트 개최목적과 부문별 설정 목표를 달성하기 위해 조직을 배분하고 적절한 조직을 구성하여 운영할 수 있도록 계획을 수립하는 단계다.

조직계획을 위해서는 먼저 프로젝트 수행을 위해 필요한 조직의 기술적 분야와 각 분야 전문능력의 수준 그리고 인원 규모 등의 조직에 대한 요구사항을 파악한다. 다음은 조직요구를 바탕으로 해당 이벤트 개최에 적합한 조직유형을 선택하고 일반적으로 조직도라고 일컫는 조직업무체계도(OBS: organization breakdown structure)를 작성한다.

이벤트 조직은 환경변화에 신속히 대응하여 변경할 수 있는 동적 조직설계가 필요하다. 이러한 조직이 지향하는 구성의 방향은 프로젝트별 독립적 사업단위 구성, 수평적 커뮤니케이션, 분권적 참여적 의사결정, 자율성 강조, 개인의 전문성보다는 가치사슬을 고려한 상호협력, 폭넓고 적확한 교육훈련, 외부 전문가 또는 외주조직, 가상조직 등의 적극적인 활용을 특징으로 제시할 수 있다.

가치사슬[63]
value chain
M. Porter(1998)가 제안한 모델로 제품이나 서비스의 부가가치를 창출하기 위해 원재료, 노동력, 자본 등의 자원을 결합하는 과정을 말한다. 결국, 조직의 그러한 각 생산 활동을 수직적으로 연결하여 최종 가치를 산출하는 것을 의미한다. 이 활동은 생산에 직접 관련한 주 활동과 이를 지원하는 지원 활동으로 크게 나눌 수 있다.

3. 조직구조

조직구조(업무체계)는 이벤트의 유형, 개최내용뿐만 아니라 참여하는 이해관계자의 구성에 따라서 달라진다. 그리고 하나의 프로젝트 과정에서 단일한 유형의 조직을 계속 유지하기보다는 혼합하거나 행사개최 과정의 상황이나 단계에 맞도록 유연하게 바꾸어 적용한다.[64]

1) 단순구조

가장 단순한 형태의 조직구조로 기업가적 구조라고도 하며 한 명의 관리자가 각각의 담당자를 관리하고 일상적, 전략적 판단에 대해 책임지는 조직이다. 단순구조는 의사결정이 빠르고 다른 조직 형태로 쉽게 확장할 수 있는 장점이 있다. 반면 담당업무에 대한 전문성의 확보가 어렵고 관리자의 독단적 결정이 이루어지기 쉽다.

〈그림 7-2〉 단순구조 예시

2) 기능중심구조

기능중심구조는 전문성을 바탕으로 기능을 구분하고 각 부서는 다른 부서와 배타적인 고유의 업무를 담당한다. 기능의 구분은 업무나 활동의 내용을 기준으로 나누고 부서별로 관리자에게 관리 권한을 위임하여 책임성을 높이는 방향으로 운영한다. 기능중심구조는 부서별로 기능에 따라 전문성을 높일 수 있고 자원분배의 효율적인 활용이 가능하다. 다만 부서 간의 배타성이 높아져 타 부서의 업무에 대한 이해가 부족해지기 쉽다. 따라서 이해충돌로 갈등이 높아지거나 모호한 업무에 대한 책임의 전가 등 충돌이 발생할 우려가 있다. 공동의 목표를 달성하기 위해서는 협력 모색과 타 부서 업무에 대한 이해증진을 위한 노력이 필요하다. 이는 정기적 또는 사안별 회의와 정보공유, 순환보직, 경력개발프로그램 운영 등을 통하여 해소할 수 있다.

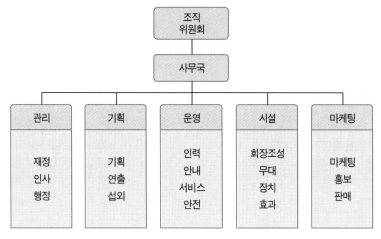

〈그림 7-3〉 기능중심구조 예시

3) 부문별 구조

부문별 구조는 이벤트사업에서 프로그램구조라고도 한다. 이는 기능구조에서 더 확대한 형태로 각 부문에 기능 중심의 부서나 담당을 별도로 구성하는 조직이다. 일반산업체에서는 제품, 유통, 고객, 장소 등을 기준으로 부문을 나누지만, 이벤트에서는 각각의 프로그램이나 서로 다른 장소 또는 다른 시간의 프로그램을 독립적으로 준비하고 운영하기 위해 별도의 조직을 구성할 수 있다. 예를 들어 같은 장소라고 하더라도 서로 다른 프로그램을 개최하거나 준비와 교체를 위해 필요한 시간 간격이 충분하지 않으면 각기 다른 팀에게 프로그램을 맡기는 것이 효과적이다.

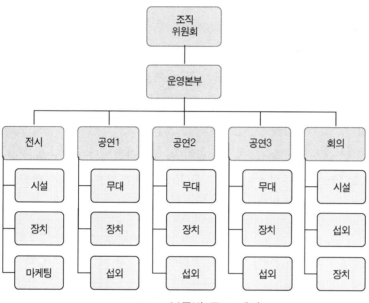

〈그림 7-4〉 부문별 구조 예시

4) 전략적 구조

　전략적 구조는 하나의 이벤트 프로젝트를 제작할 때보다는 여러 이벤트 사업을 동시에 수행할 때 이루어진다. 각 사업을 전략단위로 묶어서 그 책임자가 이사회 또는 최고관리자와 의사소통을 하도록 하는 구조라고 할 수 있다.

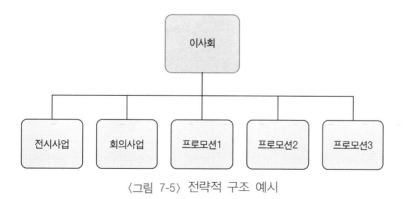

〈그림 7-5〉 전략적 구조 예시

5) 매트릭스 구조

매트릭스(matrix) 구조는 기능중심구조에 프로젝트별 조직이 별도로 존재하는 구조라고 할 수 있다. 이는 특정 프로젝트에 대한 집중성을 높이기 위하여 기존의 각 기능구조에서 전문가를 선발하여 프로젝트 수행조직을 구성한다. 준비과정에서는 기존의 업무와 프로젝트업무를 동시에 처리하거나 여러 프로젝트에 관련할 수 있지만, 실행과정에서는 목표로 하는 하나의 프로젝트에 집중하는 것이 바람직하다. 매트릭스 구조는 한정 자원을 목표에 집중시켜 조직의 동태성을 유지하고 사업의 다양성을 확보하는 데 유리하다. 그렇지만 업무 갈등, 불분명한 역할, 비협조, 자원배분 등의 여러 문제의 발생에 주의하고 해결할 수 있는 철저한 대비가 필요하다.[65]

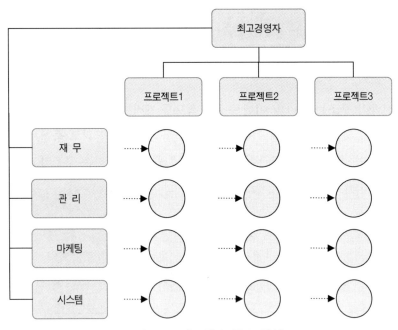

〈그림 7-6〉 매트릭스 구조 예시

6) 네트워크 구조

네트워크(network) 구조는 가상조직(virtual organization)이라고도 한다. 하나의 프로젝트를 달성하기 위하여 내부의 핵심 인력을 중심으로 외부 전문가나 외주조직(업체)을 연결하여 하나의 조직을 구성하는 형태다. 이는 이벤트 개최에 많이 활용하고 있다. 네트워크 구조는 상시조직을 운영하는 인력 비용을 절감할 수 있고 외부의 전문성을 적극적으로 활용할 수 있는 장점이 있다. 또한 전략적 대응이 쉽고 조직 규모의 유연성을 확보할 수 있다. 그렇지만 프로젝트에 적합한 전문성을 사전에 파악하기 어려운 측면이 있고 서로 다른 조직이 결합함으로써 프로젝트 수행에 있어 일관성이나 통일성을 확보하기 어렵다. 그리고 각 참여자 간의 계약 파기 리스크도 상존한다. 따라서 네트워크 조직을 잘 유지하기 위해서는 내부 핵심 인력의 중계와 조정 역할이 매우 중요하다.

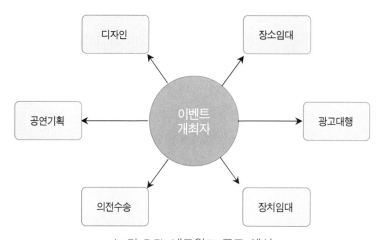

〈그림 7-7〉 네트워크 구조 예시

7) 기타 조직

이벤트는 개최자가 직접 운영하기도 하지만 전문 대행사에 의뢰하는 경우가 많다. 그리고 개최자, 대행사가 공동으로 조직을 구성하기도 한다. 축제처럼 정기적으로 개최하는 이벤트는 상설조직을 구성하여 운영하는 예가 많다. 이런 경우 계속성의 확보를 위해 최소의 인원으로 계획을 수립하고 유지한다. 그리고 본격적인 실행을 위해서는 전문가를 선발하거나 대행사에 운영업무를 위탁하기도 하고 지역민을 중심으로 자원봉사자를 적극적으로 활용하여 조직을 구성하기도 한다.

예를 들어 지역의 자치단체나 협회 등은 이벤트 개최를 위한 책임기관으로 조직위원회나 이사회를 구성하여 개최를 준비한다. 조직위원회는 개최자로부터 행사개최에 대한 사항을 규약이나 조례 등의 법적 절차를 통해 위임을 받아 업무를 수행한다. 조직위원회는 위원장(이사장), 위원(이사), 고문(자문위원), 감사 등으로 구성한다. 조직위원회는 행사에 대한 내용 구성, 법적, 재정적 책임기관이기 때문에 분야별 전문가와 영향력이 높은 인사를 영입하여 상승효과를 높이고 발전을 모색할 수 있는 방향으로 구성한다.

이 예에서 조직위원회는 책임기관이지만 상시로 운영하거나 수시로 소집할 수 있는 조직이 아니고 최종적 의결기관으로만 운영하는 경우가 대부분이다. 따라서 실행업무는 분과위원회나 상임위원회 등을 별도로 구성하여 실무를 전담한다. 분과는 기획, 행정, 재무, 시설, 홍보, 사업, 영접 등 각 이벤트의 특성에 맞게 분과를 구성하여 이벤트 개최를 준비한다. 한편, 비교적 규모가 작은 이벤트는 분과위원회 대신 사무국을 설치하고 부서별로 운영업무를 분장하여 진행하는 것이 더 일반적이다.

4. 업무와 목표의 할당

1) 업무의 할당

조직의 유형을 결정하는 것과 함께 고려하는 것은 조직을 이루는 각 부서와 구성원이 담당할 업무를 분류하고 업무수행의 목표를 할당하는 것이다.

이벤트 업무는 대략 관리부문, 재무부문, 인사부문, 계획부문, 마케팅부문, 프로그램부문, 시설부문, 운영부문 등으로 나눌 수 있다. 관리부문은 행정사무, 계약, 지원, 정보관리 등의 업무를 담당한다. 재무부문은 자금관리, 스폰서십, 예산관리 등을 담당한다. 인사부문은 구성원의 모집과 선발, 교육훈련과 배치, 인사정보관리 등을 담당한다. 계획부문은 자료조사와 사업계획 및 전략수립, 정책과 규정의 결정을 담당한다. 마케팅부문은 시장조사와 마케팅계획 수립, 광고와 홍보, 집객 등을 담당한다. 프로그램부문은 프로그램의 구성과 섭외, 연출을 담당한다. 시설부문은 장치와 장비 시설, 무대, 효과, 안전, 통신시설 등을 담당한다. 운영부문은 의전, 방문객 서비스, 매표, 진행, 운영요원과 자원봉사자 관리 등을 담당한다. 그렇지만 각 부문의 명칭과 업무의 내용은 고정된 것이 아니다. 이벤트의 개최내용과 강조점에 따라 서로 다른 부서로 나누거나 관련 업무를 결합하여 하나의 부서에서 담당할 수 있다.

OBS(organization breakdown structure, 조직업무체계도)를 정리하면 WBS(Work Breakdown Structure, 업무분류)의 업무단위를 기준으로 역할을 정리한다. 역할의 정리는 매트릭스차트로 표현하면 알아보기 쉬운데 대표적인 것에 RACI 차트가 있다. 이는 표 안에 담당 R(responsible: 해당 업무의 실무 담당으로 여러 명이 나누어 담당할 할 수도 있다), 책임 A(accountable: 하나의 업무에 대해 한 사람을 최종적 책임자로 정한다), 협의 C(consulted: 의사결정과 업무수행 전에 반드시 협의가 필요하다), 통보 I(informed: 공식적으로 연계하여 업무를 수행하지는 않지만, 의사결정이나 업무수행 후에 정보를 제공한다) 등을 표기하여 각 업무 단위에 대한 역할과 타 조직원과의 관계를 표시한다. RACI 차트는 각 업무의 실무 담당자를 중심으로 업무분담을 표시하여 업무의 권한과 책임을 알기 쉽게 표현한다.

〈표 7-1〉 RACI 차트 예시

업무단위 No.	업무명	시장조사				
	업무관계자	홍○○ PM	김○○ 대리	박○○ 조사원	오○○ 분석가	이○○ 엔지니어
MK 1.1	착수단계					
MK 1.1.1	요구사항 및 분석	A	-	-	R	C
MK 1.1.1.1	절차정의	A/R	I	-	C	C
MK 1.1.1.2	인터뷰	A	R	R	I	-
MK 1.1.1.3	문서화 업무	A	I	I	R	C
MK 1.1.2	프로젝트 헌장작성	A/R	R	-	I	-
MK 1.1.2.1	사업여건	A/R	I	-	C	C
MK 1.1.2.1.1	사업목적 정의	A	R	I	-	-
MK 1.1.2.1.2	예상효과 정의	A	R	I	-	-

2) 직무분석

직무기술서와 직무명세서로 작성하는 직무분석은 업무의 수행을 위해 필요한 지식, 기술, 경험, 능력, 책임 등을 체계적으로 정리한다. 직무분석은 필요한 인원의 규모를 산정하고 채용, 교육 등의 조직관리를 위한 근거를 제공한다.

직무분석을 수행하는 첫 번째 이유는 업무의 분장과 책임을 명확하게 확인하여 조직 운영의 효율성을 높이고자 하는 것이다. 두 번째는 조직원의 직무수행 능력을 중심으로 조직관리를 함으로써 적절하고 효율적인 채용, 배치, 승진, 해산을 가능하게 한다. 세 번째는 조직관리를 위한 명확한 평가기준을 구체적으로 제시한다. 네 번째로 능력개발의 목표와 교육훈련의 방향을 제시한다. 끝으로 직무분석은 업무의 계량화 수준을 높임으로써 적정한 인원 분배와 조직 활용에 대한 명확성과 효율을 높인다.

(1) 직무기술서

직무기술서는 과업 중심의 직무분석으로 직무자의 업무와 책무를 결정한다. 작성하는 내용에는 직무목표, 필요한 과업들, 일상적 과업과 중요 과업, 과업 수행의 다른 방법, 성공적 직무 행동의 구체적 기준, 긍정적·부정적 직무 조건과 성과기준, 직무 관련 정보, 직무자에게 요구하는 자격·교육·경험 수준, 장비, 시설, 수행 방법과 절차, 각 절차의 소요 시간·빈도와 주기·난이도·산출물, 감독에 관련한 사항, 다른 직무와의 연관성 등이 있다.[66]

(2) 직무명세서

직무명세서는 작업자 중심의 직무분석으로 직무달성을 위해 요구하는 지식, 기술, 능력, 기타 특성을 결정한다. 정신적 자질(창의성, 판단력, 적응성, 인내심 등)이나 신체적 조건 그리고 책임의 정도를 포함한다.[67] NCS에서 요구하는 수행 준거, 지식, 기술, 태도가 직무명세서의 내용에 해당한다. 이러한 직무명세서는 직무의 성공 기준, 성공적 직무자로서의 인적 특성, 직무 후보자 검증, 직무성과 측정, 인적 특성과 직무성과와의 통계적 분석 등의 단계를 통하여 상세하게 제시한다.[68]

NCS
National Competency Standards
국가직무능력표준
산업현장에서 직무를 수행하는 데 필요한 능력을 국가가 산업 부문별, 수준별로 체계화한 것이다. 각 직무를 성공적으로 수행하는 데 필요한 지식, 기술, 태도를 국가적 차원에서 표준화하였다.

(3) 직무분석의 활용

직무분석은 교육훈련과 자격 기준 개발에 활용할 수 있다. Yoder(1970)는 직무분석의 활용 방향을 조직과 조직의 통합, 조직의 모집·선발·배치, 필요한 지식과 숙련을 위한 훈련계획, 임금의 관리, 전직과 승진, 불만의 처리, 작업조건의 개선, 생산표준 선정, 노동생산성 향상, 계획적 조직 등으로 제시하고 있다.[69]

3) 조직관리계획 수립

프로젝트를 수행할 조직의 관리계획을 수립하기 위해 우선 고려할 내용은 다음과 같다. 프로젝트를 수행하는 데 필요한 조직의 형태는 무엇인가, 각 조직에 요구하는 기술 수준과 전문성, 조직 간의 상호관계, 기존 조직이나 외부조직으로부터의 선발 여건 그리고 과거 유사 경험에 대한 사항 등이다.

앞에서 언급한 조직도(OBS)에서 적합한 형태를 선택하여 구성하고, 매트릭스차트로 상호 업무의 연계성을 파악하면, 직무분석에서 얻어진 문서를 이용하여 세부적인 각 직무의 책임과 역할을 정리한다. 정리 결과를 바탕으로 조직원의 선발, 교육, 배치, 평가와 보상, 승진, 해산, 위생, 복지, 안전, 인사규정 등의 조직관리계획을 수립한다.

조직관리계획에는 각 업무의 수행자는 누구이고(역할), 누가 무엇을 결정할 수 있으며(권한), 각 업무에 대한 책임 누구에게 있고(책임), 누구에게 어떠한 역량이 있는지(역량) 등을 기술한다. 그리고 조직도를 통해 조직원 간의 수직적, 수평적 관계를 분명하게 적시한다. 조직관리계획을 수립할 때는 조직원의 상호교류를 위한 네트워킹을 고려한다. 추가로 각 조직의 활동별 업무량을 도표형식으로 표현하면 더욱 효과적인 조직관리계획 수립할 수 있다.

4) 조직의 구성

주어진 업무를 실행에 옮기기 위해 조직관리계획에 따라 실제적인 조직을 구성한다. 우선 사전배정을 통해 기존 조직 내에서 인원을 선발한다. 하지만, 운영에 필요한 조직은 희소성을 띠는 경우가 많아서 상호협상을 통해 조직원을 확보한다. 내부에 필요한 인력이 없거나 활용 가능한 인력의 내부 선발이 어려운 경우에는 외부의 이해관계 조직을 대상으로 인력의 파견을 요청하거나 신규 고용을 통해 인력을 확보한다.

사전배정에서 특정인을 선택할 때 고려하는 사항은 대상 인력의 프로젝

트 기간 내의 실제적 참여 가능성(자원 가용성)을 전제로 하여 필요한 전문
적 업무능력의 보유(예를 들어 디자인, 문서작업, 기계장치, 특정 자격증
등), 개최자 등 이해관계자와의 의사소통 채널의 보유, 조직구성 내의 원활
한 관계 형성 그리고 프로젝트의 효과적인 감시와 통제의 가능성, 기존 경
험의 보유 여부 등이 있다. 그리고 프로젝트에 앞서 이루어진 사전업무(기
본계획, 입찰, 계약 등의 참여)의 지속성 확보를 고려한다. 조직의 운영은
한 장소에서 이루어지는 것이 일반적이지만 물리적 거리를 극복할 수 있는
통신기술(전화, 화상회의, 이메일 등)의 발달에 힘입어 서로 다른 지역에서
하나의 프로젝트를 실행하는 가상팀(virtual team)의 조직도 고려할 수 있다.

　조직구성을 완료하면 조직원과 이해관계자가 처음으로 만나 업무의 수
행 방향에 대해 공식적으로 합의 또는 동의하는 착수회의(kick-off meeting,
때에 따라서는 발대식)를 통해 조직의 업무활동을 시작한다. 착수회의에서
공식적으로 합의하고자 하는 사항은 프로젝트의 목적과 목표, 수행 방법과
과정, 역할과 책임, 성공 요인, 결과의 평가와 품질에 대한 기대 등이 있다.

　착수회의를 여는 목적은 첫째, 조직의 업무 목적과 목표를 확인한다. 둘
째, 프로젝트 전체를 조망하는 관점에서 계획을 검토한다. 셋째, 조직원과
조직의 책임과 역할을 확인한다. 넷째, 프로젝트에 수행에 관련한 최신의
상황을 검토한다. 다섯째, 프로젝트 수행에서 예상하는 리스크와 문제를 검
토한다. 여섯째, 상호 간의 의사소통 채널과 업무협력 방향을 정리하고 확
인한다. 끝으로 조직의 업무 목적과 목표에 대해 조직원과 조직의 자발적
동의를 확보한다.

5. 프로젝트팀 개발

　프로젝트팀 개발은 개인적 역량과 조직 역량의 향상을 통해 팀 전체의
생산성을 향상하는 것이라고 할 수 있다. 개인적 역량 강화는 개인의 생산
성 향상과 기술습득 그리고 자기 계발에 대한 만족을 통해 달성한다. 조직

역량의 향상은 조직의 생산성 제고와 상호협력 강화 그리고 신뢰의 증진을 통해 획득한다. 다음의 내용은 프로젝트팀 개발을 위해 필요한 사항들이다.

1) 대인관계 기술 Soft Skills

경영에서 강조하는 생산, 마케팅, 재무, 회계, 인사조직 등의 전문지식으로서의 '하드 스킬(Hard Skill)'과 비교하는 개념으로서 대인관계 기술은 조직 내 커뮤니케이션, 협상, 팀워크, 리더십 등을 활용할 수 있는 능력을 뜻한다. 대인관계 기술을 갖춘 인재는 실행력, 창의성, 리더십, 명확한 목표의식, 대인관계, 비전 등을 갖춘 인재를 의미한다. 이러한 인재는 조직원의 감정 이해, 행위 예측, 관심 인정, 쟁점 유지 등을 통해 조직의 어려움을 축소하고 협력을 증진한다.

2) 교육훈련 Training

교육훈련은 조직원의 능력을 향상하는 모든 공식적, 비공식적 활동을 의미한다. 예를 들면 강의, 온라인 학습, 현장실습, 멘토링, 지도, 유사사례의 견학 등을 활용할 수 있고 업무 과정을 통해서도 경영 능력이나 기술을 향상할 수 있다. 일정에 따른 교육과 훈련은 조직계획에 포함하여 진행하고 비정기적인 교육과 훈련은 관찰, 대화, 업무평가 등을 통해 필요성을 인지함으로써 시행할 수 있다.

3) 팀빌딩 Team-Building Activities

팀빌딩의 목적은 조직원의 대인관계를 향상함으로써 서로 협력 수준을 높여 원활한 업무수행을 하도록 하는 것이다. 비공식적 교류 활동은 조직의 신뢰를 구축하고 효과적인 업무협력이 이루어지도록 도와준다. 특히 팀빌딩은 업무가 비대면으로 이루어지는 가상팀의 경우 더욱 필요하다.

조직에서 상호협력은 업무환경을 개선함으로써 주어진 과제와 쟁점을 해결하기 위한 중요한 기술로 작용한다. 효과적인 조직을 구성하기 위해서

관리자는 경영지원, 조직원의 참여, 적절한 보상의 제공, 조직 정체성의 창출, 효과적 갈등관리, 신뢰와 개방적 의사소통 그리고 훌륭한 리더십 발휘 등을 적극적으로 활용한다.

　조직구성의 초기 단계에서 팀빌딩은 핵심적인 요소이지만 성공적인 업무의 수행을 위해서는 끊임없는 노력이 필요하다. 특히 프로젝트의 수행에서 겪는 다양한 환경변화에 대비하기 위해서는 지속적이고 새로운 팀빌딩이 필요하다. 조직의 관리자는 발생하는 문제점을 방지하거나 수정하기 위해 조직의 기능과 성과를 계속해서 살펴보아야 한다.

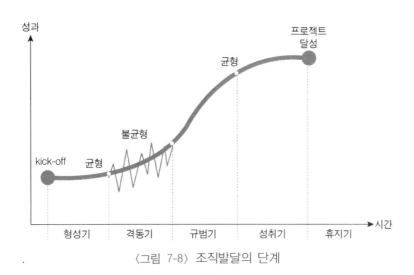

〈그림 7-8〉 조직발달의 단계

　Tuckman(1965)이 제안하고 Tuckman & Jensen(1977)이 보강한 조직발달의 5단계는 다음과 같이 균형, 불균형, 균형의 순서로 진행한다.[70] 각 단계의 진행 시간은 조직의 역동성, 크기, 협력 경험, 리더십 등에 달려있다. 조직의 관리자는 때에 따라 어느 단계에 고착하거나 한 단계를 건너뛸 수도 있고 심지어 이전 단계로 회귀할 수도 있다는 것을 주의해야 한다. 예를 들어 다른 업무에서 긍정적으로 한 팀을 이룬 경험이 있는 조직원들은 새로운 업무를 이해하기 위한 형성기를 짧게 지나서 격동기 없이 바로 짧은 규범기로 진입한 후 긴 성취기로 들어갈 수 있다.

〈표 7-2〉 조직발달의 단계[71]

단계	주요 내용	리더십	조직원	갈등
형성기	- 조직구성 - 책임자 지시 의존 - 역할, 목표 등의 모호성 - 정보제공 필요	- 명확한 지시 - 안전과 소속감 - 목표 명확화 - 긍정적 평가	- 정중함, 망설임 - 부족한 질문 - 결정에 순종적 - 소속감 필요 - 예민함, 흥분	- 최소한의 갈등 노출 - 순종적
격동기	- 주체 의식 증가로 책무에 대한 갈등과 혼란 가중 - 역할과 목표에 대한 명확화 필요	- 업무 갈등 축소 - 물러서서 지원 - 리더십과 책임감 수용	- 요구가 커지고 참여도 높아짐 - 책임자에 도전 - 혼란 표현과 변화 요구 - 책무에 대한 집중 필요	- 신뢰로 이어지는 생산적 갈등 고려 - 개인적 갈등은 성취 방해
규범기	- 행위규범과 의사결정 절차 확립 - 역할과 책무 이해 - 의사 교류 확장, 생산성 향상 - 애착심 상승	- 책무를 스스로 발전시킬 수 있도록 지원 - 생산성 향상을 위한 변화 지원 - 경청과 성취에 대한 격려	- 명확한 의사소통 지원 - 효과적인 의사결정 과정 창출 - 참여와 협력을 향상하는 규범 모색	- 발생 가능한 갈등의 명세화 - 혼돈과 불분명의 축소
성취기	- 조직 기능성 상승 - 의사 결정력 상승 - 도전, 갈등 극복 - 행위에 대한 신명과 자신감 - 성취에 대한 평가	- 전문가적 접근 - 지배가 아닌 동참 - 문제나 퇴보에 대한 사전인지	- 다른 조직원과 협력적 업무수행 - 책무를 달성함 - 소속감 상승	- 갈등은 조직 내에서 적절히 해소
휴지기	- 조직의 해산 - 상실감, 슬픔, 혼돈 - 종료에 따른 지원	- 해산 계획 준비로 쉬운 해산 진행	- 정서적 지원, 휴식 요구 - 인지한 욕구는 잘 다룸 - 해산에 대한 불안, 흥분	- 정서적 갈등 - 지속적 지원에 대한 갈등

(1) 형성기 Forming, Testing and Dependence

조직원이 처음 만나 조직에 주어진 업무가 무엇인지 파악하고 공식적인 규칙과 책임을 확인하는 단계이다. 조직의 목표와 조직원들의 역할과 책임이 아직 불명확하다. 조직원은 서로 비개방적이고 독립적으로 행동하며 때론 절차를 무시하기도 한다. 조직원은 책임자와 조직에서 용인하는 수준이

어디까지인지를 확인하려고 한다. 책임자는 조직의 목적과 목표 그리고 이해관계 등에 대해 충분히 답변할 수 있도록 준비한다.

(2) 격동기 Storming, Intragroup Conflict

이 단계에서는 핵심 업무와 기술적 결정 사항 그리고 업무관리에 대한 집중을 시작한다. 그러한 과정에서 목표와 권한 등에 대한 갈등이 드러나고 조직 내 결정이 어렵다. 때론 파벌을 형성하기도 한다. 조직원들이 이 단계에서 서로 간의 협력, 다른 의견의 개진, 업무 상황에 대한 전망 등을 확보하지 못하면 조직을 유지하기 어렵다. 책임자는 조직이 관계와 정서적 문제로 어긋나지 않도록 목적과 목표에 집중하는 것과 중재를 위한 노력이 필요하다.

(3) 규범기 Norming, Development of Group Cohesion

조직원이 협력적으로 업무를 수행하기 시작하고 습관이나 행위를 조직의 환경에 맞추며 상호 간의 신뢰가 높아지는 단계이다. 큰 결정은 조직 차원에서 이루어지고 작은 결정은 개인이나 소그룹에 위임한다. 구체적으로 정보의 공유가 쉬워지고 서로의 다른 조건을 이해함으로써 조직의 규범을 내재화하며 조직의 정체성을 확립한다. 나아가 조직원 간에 취미활동이나 사교활동이 이루어진다. 책임자는 리더십을 확대하여 더욱 쉽게 발휘할 수 있다.

(4) 성취기 Performing, Functional Role-relatedness

전략적 차원에서 조직의 존재 이유와 목적이 분명해지는 단계이다. 책임자의 관여 없이 조직원이 맡겨진 업무를 자주적으로 수행하고 마주하는 쟁점들을 효과적으로 처리할 수 있는 잘 조직된 단계라고 할 수 있다.

(5) 휴지기 Adjourning, Separation and Terminal Review

주어진 업무를 완수하고 다른 업무로 이행하기 전의 단계로 성취를 평가하고 정리함으로써 조직원을 해산한다. 조직원은 이 단계에서 상실감이 나타나고 조직원 간의 유대는 더 깊어진다. 미래에 대한 불확실성이 나타나기 시작하면서 조직원들의 동기부여 수준이 떨어지기 때문에 새로운 업무를 도입하여 조직이 거둔 긍정적 성과를 효과적으로 활용할 수 있도록 한다.

4) 기본 규칙의 제정 Ground Rules

기본 규칙은 프로젝트 시작에서 종료까지 조직원이 따라야 하는 지침을 의미하고 모든 조직원의 명확한 기대를 담도록 한다. 기본 규칙을 빨리 제정할수록 혼란을 예방하고 업무절차에 대한 오해를 불식할 수 있다. 그리고 규칙의 활용에 대한 긍정적 효과를 높이고 조직의 생산성을 높인다.

기본 규칙에는 행동 수칙, 의사소통 방법, 업무협력, 회의 방법 등 업무조직을 운영하기 위한 다양한 내용을 포함한다. 기본 규칙을 통해 상호 간에 중요한 가치가 무엇인지 파악하고 한번 합의한 기본 규칙은 모든 조직원이 책임을 공유하고 유지한다.

5) 동일 공간배치 Colocation

조직의 실행 능력을 증진하기 위해서는 조직원 대부분을 같은 물리적 장소에 배치하는 것이 바람직하다. 특히 전략적으로 중요한 시기에는 그 필요성이 증대한다. 회의실이나 상황실(운영본부)이 그 역할을 상징하는데 기획 회의나 연출 회의가 동일 공간에서 이루어지는 대표적인 협업 활동이다. 그러한 장소에는 일체감이나 의사소통을 증진할 수 있도록 전체적인 일정, 구호나 도면, 성과 등을 게시하고 편의를 제공한다. 지속적 또는 정기적으로 행하는 공식적 회의 외에도 비공식적 회의나 회식 등을 통해서 동일 공간배치의 기능이 나타난다. 비대면 화상회의는 동일 공간배치를 강화하기보다 분리감과 소통의 답답함이 상승할 수 있으므로 주의한다. 크로마키나 아바타 등을 활용하여 하나의 영상이나 사이버 공간에서 회의하는 것도 해결의 대안이 될 수 있다.

그렇지만 숙련 자원의 활용 필요성, 잦은 출장, 재배치 손실 그리고 공급

크로마키
chroma key
색상의 차이를 활용하여 촬영 물체를 다른 화면에 합성하는 동영상 합성 기법

아바타
avatar
하늘에서 강림한 신의 화신을 의미하는 산스크리트어 아바따라(avataara)에서 유래한 말로 사이버 공간 등 가상 사회에서 개인을 대신하는 시각적 이미지인 분신을 말한다.

자, 고객, 기타 이해관계자 등과의 원거리 소통 등으로 업무효율이 떨어지고 비용이 상승할 수 있다. 그러한 이유로 가상팀을 운영함으로써 얻는 혜택이 더 커지는 때는 동일 공간배치를 포기하고 가상팀을 운영할 수 있다. 이렇게 가상팀을 운영할 때는 팀빌딩 활동에 더욱 큰 노력이 필요하다.

6) 인정과 보상 Recognition and Rewards

인정과 보상은 업무의 성과를 향상하기 위한 주요한 동기부여 수단이다. 인정과 보상의 효과를 잘 활용하기 위해서는 업무의 결과에 따른 최종적 평가로 수여하기보다 업무 과정 중에 적절하게 나누어 수여하는 것이 좋다. 서로 다른 목표로 세분하거나 단계적 목표를 토대로 평가의 기준을 설정하고 사전에 계획한 객관적 기준에 따라 인정과 보상을 수여한다. 이때 수여하는 인정과 보상이 다른 조직원의 불만과 질투의 대상으로 작용하거나 목표에 대한 상실감으로 이어지지 않도록 주의한다. 인정과 보상의 정당성을 충분히 알리고 새로운 기회를 제공함으로써 갈등 요소를 축소할 수 있다. 그리고 실질적인 동기부여를 할 수 있도록 각 조직원의 사회문화적 특성과 개인적 욕구를 충분히 반영한다.

조직 내에서 조직원의 가치를 공식적으로 드러내는 인정과 보상뿐만이 아니라 비공식적인 방법도 효과적이다. 금품이나 승진과 같이 일반적으로 주어지는 가시적인 방법과 더불어 성장 기회의 제공, 성취감의 공유, 능력 활용 기회의 제공과 같은 비가시적인 방법을 통해서도 동기를 부여를 할 수 있다. 팀빌딩을 통한 깊은 유대감에서 건네는 축하와 격려도 좋은 동기부여로 작용한다.

동기부여와 인간의 욕구에 관한 대표적인 이론은 동기의 내용과 실체에 관심을 두는 욕구단계론, ERG이론, 2요인이론, XY이론 등이 있다. 그리고 동기의 과정에 관심을 두는 기대이론, 공정성이론 등을 살펴볼 수 있다. 각각의 조직이 처한 환경과 개인차를 고려하여 여러 이론을 잘 활용한다면 조직원을 적절하게 관리하고 조직목표를 효과적으로 달성하는 데 도움을 얻을 수 있다.

(1) 욕구단계론

가장 많이 언급하는 욕구이론은 Maslow(1943)가 제안한 욕구단계론(hierarchy of needs)이다. 하위단계 욕구를 충족하고 다음의 상위단계 욕구 충족으로 이행한다는 이론으로 초기에는 5단계를 제안하였다. 이후 존경의 욕구 다음에 인지적 욕구와 심미적 욕구 그리고 마지막 단계로 초월적 욕구를 추가하여 8단계로 발전하였다. 욕구 충족이 단계적으로 발전한다는 이론에 여러 학자가 이의를 제기하였지만, 그가 제안한 욕구의 유형을 가장 폭넓게 수용하고 있다. 인간의 다양한 욕구를 이해함으로써 조직원이 지닌 욕구의 기초적인 내용을 가늠할 수 있을 것이다.[72]

초월적 욕구(8단계)
Transcendence Needs
자아실현을 위한 이타적 욕구

심미적 욕구(6단계)
Aesthetic needs
미, 균형, 형태 등

인지적 욕구(5단계)
Cognitive needs
지식, 의미, 자의식 등

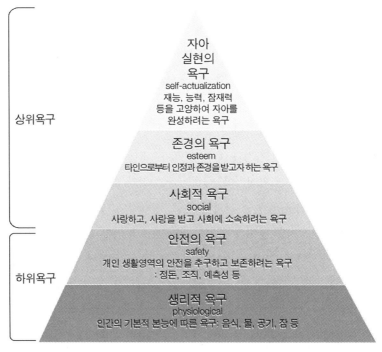

〈그림 7-9〉 Maslow의 욕구단계론

욕구의 유형을 살펴보면 Maslow(1943)는 먼저 육체적인 하위욕구와 정신적인 상위욕구로 크게 구분하였다. 하위욕구의 맨 아래에는 생리적 욕구가 있는데 이는 인간의 기본적 본능에 따른 욕구로 식욕, 수면욕, 성욕 등을 포함한다. 다음 단계의 하위욕구는 안전 욕구로 자신의 생활영역을 보존하고 안전하게 지키려는 욕구를 의미하고 정리 정돈, 조직화, 예측 가능성 추구 등을 포함한다.

상위욕구의 가장 아래 단계는 사회적 욕구로 사회나 집단에 소속하고 싶은 욕구로 사랑하고 사랑받고 싶은 욕구를 의미한다. 다음 단계는 존경의 욕구로서 타인에게 인정과 존경을 받고자 하는 욕구를 말한다. 마지막 단계의 욕구는 자아실현의 욕구로 자신의 재능, 능력, 잠재력을 드높이고 자아를 완성하려는 욕구를 의미한다. 나중에 추가한 인지적 욕구는 존경 욕구의 다음 단계로 세상에 대한 지식, 의미, 자의식 등을 추구하는 것이다. 그다음의 단계로 심미적 욕구도 추가하였는데 그것은 미적 추구로서 미와 균형, 형태미 등을 추구하는 것을 말한다. 끝으로 최상의 단계로 추가한 초월적 욕구는 이타적 행동을 통해 자아를 실현하는 욕구로 구도자의 삶에 대한 욕구를 예로 들 수 있다.

(2) ERG 이론

Alderfer(1969)의 ERG 이론은 Maslow의 욕구단계론을 요약하고 하위욕구와 상위욕구가 동시에 발생할 수 있으며 상호 작용한다는 것을 제시한 이론이다. E(existence needs)는 존재욕구를 의미하고 R은 관계욕구(relatedness needs)를 의미하며 G는 성장욕구(growth needs)를 의미한다. 욕구 간의 상호작용은 크게 욕구좌절퇴행, 욕구강도, 욕구만족 등 3가지 관점에서 생각할 수 있다.[73]

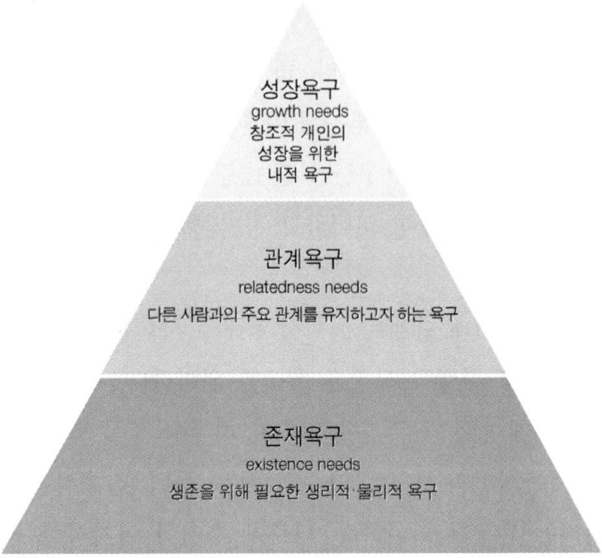

〈그림 7-10〉 Alderfer의 ERG 이론

성장욕구
growth needs
창조적 개인의
성장을 위한
내적 욕구

관계욕구
relatedness needs
다른 사람과의 주요 관계를 유지하고자 하는 욕구

존재욕구
existence needs
생존을 위해 필요한 생리적·물리적 욕구

- 욕구좌절퇴행(needs frustration-regression): 상위욕구가 좌절하면 하위욕구가 증대한다.
- 욕구강도(needs strength): 하위욕구를 충족하면 상위욕구가 증대한다.
- 욕구만족(needs satisfaction): 각각의 욕구를 충족하지 못할수록 해당 욕구는 더욱 증대한다.

(3) 성취동기(욕구)이론

McClelland(1961)은 성취욕구, 소속욕구, 권력욕구 등 3가지 욕구를 제안하였다. 각각의 성격은 다음과 같다.[74]

- 성취욕구(need for achievement): 도전적인 목표를 설정하고 성취를 이루고자 하는 욕구를 의미한다. 목표달성을 위해 식별한 리스크와 책임을 적극적으로 수용한다. 행동에 대한 즉각적 피드백을 바라고 때론 혼자 일하는 것을 선호한다.

- 소속욕구(need for affiliation): 다른 사람들과 좋은 관계를 유지하고 집 단에 소속하려는 욕구를 의미한다. 그리고 타인들에게 친절하고 동정심이 많고 타인을 도우며 즐겁게 살려는 경향을 의미한다. 높은 리스크나 불확 실성을 회피한다.
- 권력욕구(need for power): 관리자로서 남을 통제하는 위치에 서려는 욕구를 의미한다. 그리고 경쟁과 승리를 즐기며 지위와 인정받음을 즐긴다. 타인들에게 자기가 바라는 행동을 강요하는 경향이 있다.

(4) 2요인 이론

Herzberg(1968)은 인간의 욕구가 만족요인과 불만족요인으로 나누어 작 용한다고 설명하였다. 불만족요인은 많은 경우에서 정책(지침), 감독, 급여, 근무환경, 관계(상하, 동료), 개인 생활, 지위, 안전 등의 위생요인(Hygiene Factor, 86%)에 기인하고 만족요인 대부분은 성취, 인정, 업무, 책임, 승진, 성장 등 동기요인(Motivation Factor, 81%)에서 기인한다는 연구 결과를 발 표하였다.[75] 이 이론은 고객의 만족과 관련하여 서비스마케팅의 관점에서 도 시사점을 제공한다.

(5) X-Y이론

McGregor(1960)는 인간에 대한 올바른 이해를 바탕으로 조직관리가 가 능하다고 여기고 정확한 인간관 확립이 필요하다고 주장한다. 그는 인간의 특성을 기반으로 X, Y 두 가지 동기이론을 설명한다. 그중 X이론은 Maslow (1943)의 욕구단계 중 저차원의 욕구가 지배하는 경우이고, Y이론은 고차원 의 욕구가 지배하는 경우라고 할 수 있다. 그는 Y이론을 더 바람직한 가정 이라고 생각하였다.[76]

X이론은 전통적인 인간관으로 인간은 본래 게으르고 일을 싫어하며, 야 망과 책임감이 없고, 변화를 싫어하며, 자기중심적이고, 금전적 보상이나 제재 등 외재적 유인에 반응한다고 가정한다. 따라서 금전적 보상이나 제 재를 유인책으로 사용하고 강제와 위협, 철저한 감독과 통제를 강화하는 관

리전략을 채택한다. McGregor(1960)는 X이론형 인간의 특징을 3가지로 정리하였다. ① 선천적으로 일을 싫어하고, 가능한 한 일을 하지 않고 지내길 원한다. ② 기업 내의 목표 달성을 위해서는 통제와 명령 그리고 상벌이 필요하다. ③ 대체로 평범하고, 자발적으로 책임을 지기보다는 명령받기를 좋아하며 안전 제일주의의 사고·행동을 취한다.

반면 Y이론은 현대적 인간관으로 인간은 본성적으로 일을 즐기고, 책임 있는 일을 맡는 것을 원하며, 문제해결에 창의력을 발휘하고, 자율적으로 규제를 할 수 있으며, 자아실현 욕구 등 고급 욕구의 충족을 위하여 동기가 일어난다고 가정한다. 따라서 인간의 잠재력을 능동적으로 발휘할 수 있는 협력적 관리전략을 채택한다. McGregor(1960)는 Y이론형 인간의 특징을 다음과 같이 설명하였다. ① 오락이나 휴식과 마찬가지로 일에 심신을 바치는 것도 인간의 본성이다. ② 상벌만이 기업목표 달성의 수단은 아니고 조건에 따라서 인간은 스스로 목표를 향해 전력을 다한다. ③ 책임의 회피, 야심의 결여, 안전 제일주의는 인간의 본성이 아니다. ④ 새로운 당면문제를 잘 처리하는 능력은 특정인에게만 있지 않다. ⑤ 현재 조직에서 인간의 지적 능력을 제대로 활용하지 못하고 있을 가능성이 크다.

(6) Z이론

Lundstedt(1972), Lawless(1972), Ouchi(1981) 등이 X-Y이론에 각기 이의를 제기한 이론이다.[77] Lundstedt(1972)는 자유방임형(또는 비조직형) 조직체에 적합한 관리방식으로 Z이론을 주장하였다. 그리고 Lawless(1972)의 Z이론은 고정적·획일적 관리전략에 대응하는 상황적 접근방법을 말한다. 변동하는 환경 속에서 조직을 관리할 때 상황을 객관적으로 파악해 이에 상응하는 관리전략을 세우고 변화를 만들어야 한다는 접근방법이다. 끝으로 Ouchi(1981)는 미국식 경영방식에 일본식 조직문화를 접목한 방식으로 Z이론을 제시하였다. 일본의 집단문화를 미국에 도입하여 개인주의가 아닌 조직 전체를 강조한다. 노동자 간의 상호협력을 통해 집단적 의사결정과 집단적 책임을 중시한다. 장인정신을 바탕으로 장기간의 근무실적에 대한 인정과 승진으로 안정적 고용을 보장하고 내적인 통제방식을 중시한다.

(7) 기대이론 expectancy theory, value theory

Vroom(1964)의 기대이론에서 동기부여는 다음의 3가지 요인의 곱으로 설명한다. 하나는 노력이나 능력에 따른 어떤 행위가 1차 산출인 성과를 낼 수 있다는 것에 작용하는 주관적인 기대(Expectancy)요인, 두 번째는 1차 산출을 통해 좋거나 나쁜 2차 산출(보상)을 생산하는 확률적 가능성에 작용하는 수단(Instrument)요인, 마지막은 2차 산출이 개인이 가지는 주관적인 선호(목표)에 일치하는 정도를 표현하는 유의성(Valance)요인이다.[78]

〈그림 7-11〉 Vroom의 기대이론

• 동기부여 = 기대 × Σ(수단 × 유의성)

다시 설명하면 동기부여(Motivational Force)를 높이기 위해서는 달성 가능한 목표(기대)를 제시하고 목표달성에 대한 적절한 보상(수단)을 제공하며 그 보상이 개인에게 의미(유의성) 있는 것이라야 한다는 이론이다.

• 기대는 0(없다)에서 1(있다) 사이의 값
  : '이 일을 열심히 했을 때 제대로 평가받을 수 있는가에 대한 답을 의미한다.
• 수단은 -1(부적절한), 0(관계없는), 1(적절한) 사이의 값
  : '평가에 따른 적절한 보상이 주어지는가에 대한 답을 의미한다.
• 유의성은 -1(부정)에서 1(긍정) 사이의 값
  : '주어진 보상은 내 개인의 목표에 부합하는가에 대한 답을 의미한다.

(8) 공정성이론

Adams(1965)의 공정성이론(equity theory)은 개인이 조직 내에서 자기 일(직무를 통해 투입한 것)에 대한 보상(편익)을 타인의 일과 보상과 비교하여 공정성 여부를 판단하고 균형을 찾으려 한다고 설명한다.[79] 공정하다고 여기면 업무에 대한 동기부여가 높아지고 불공정하다고 여기면 반대로 작용한다. 조직의 목표를 달성하기 위한 직무수행에서의 투입은 시간, 노력, 충성, 고된 일, 헌신, 순응, 적응, 인내, 투지, 열정, 희생, 지원, 능력, 업적, 기술, 교육, 경험 등이고 산출은 직업안정, 임금, 후생복지, 비용, 인정, 명성, 책임, 성취, 칭찬, 감사, 격려, 승진, 지위, 권력, 인관관계 등이라고 할 수 있다. 공정성의 비교는 한 집단 내에서뿐만 아니라 다른 집단과도 비교한다. 이 이론은 사회적 비교이론(social comparison theory), 분배의 공정성이론(distributive justice theory), 균형이론(balance theory), 교환이론(exchange theory) 등 여러 가지로 말한다. 다음의 도식을 바탕으로 공정성을 확보하는 방법은 아래와 같다.

$$\frac{개인의\ 산출}{개인의\ 투입}\ \boxed{비교}\ \frac{타인의\ 산출}{타인의\ 투입}$$

〈그림 7-12〉 Adams의 공정성이론

- 투입의 변경: 작업의 질을 향상하거나 축소하는 방법을 통해 개인의 투입을 증대 또는 감소시켜 불공정을 해소한다.
- 산출의 변경: 임금이나 작업조건의 개선 등을 통해 개인의 산출을 증대한다.
- 투입 또는 산출에 대한 지각의 변경: 투입과 산출에 실제로 변화를 주기보다는 자신 또는 타인의 투입이나 산출에 대한 인지를 변화시킴으로써 불공정을 해소한다.
- 비교 대상의 변경: 비교 대상을 바꿈으로써 불공정을 감소시키고 공정 상태로 이행한다.
- 현장으로부터의 이동(직장이동): 주어진 상황에서 도저히 불공정을 해소할 수 없는 경우 다른 부서로의 이동 또는 이직을 통해 불공정을 해소한다.

6. 리더십과 갈등관리

1) 리더십

업무를 수행하기 위해 조직의 관리자는 리더십을 발휘하여 조직을 구성하고 업무의 시작에서 종료까지 이끌어 간다. 리더십을 발휘하기 위해서는 제일 먼저 관리자에게 부여한 권한이 무엇인지 파악한다. 권한이란 사전적으로 '어떤 사람이나 기관의 권리나 권력이 미치는 범위'를 의미한다. 조직 관리자의 권한 행사, 즉 리더십은 '조직의 목적을 달성하기 위해 조직원이 움직이도록 이끄는 능력'이라고 할 수 있다. 리더십을 우리말로 지도력이나 통솔력으로 표현할 수 있다. 단어의 숨은 의미를 살펴보면 리더십은 앞서서 안내하고 행동하는 뉘앙스가 강하고 지도력은 가르쳐 이끄는 것, 통솔력은 다스린다는 뜻이 강하다. 따라서 여기서는 위에서 정의한 뜻을 살리기 위해 외래어인 '리더십'을 사용한다.

French & Raven(1959)은 조직에서 행사하는 관리자의 권한을 5가지로 분류하여 강제적 권한(Coercive power), 보상적 권한(Reward power), 공식적 권한(Legitimate power), 추종적 권한(Referent power), 전문적 권한(Expert power)을 제시하였다.[80] 이후에 Raven(1965)은 5가지 권한에 정보적 권한(Informational power)을 추가하였다.[81]

〈표 7-3〉 관리자의 권한

직무 권한	강제적 권한	불이익, 처벌, 보상금지 등에 의한 권한
	보상적 권한	보상제공이나 처벌금지에 의한 권한
	공식적 권한	지위나 직책으로부터 나오는 권한
개인 권한	추종적 권한	닮고 싶은 모델의 권한(카리스마, 명성)
	전문적 권한	지식, 기술의 수월성이 지닌 권한
	정보적 권한	필요한 정보를 통제할 수 있는 권한

여기서 강제적 권한, 보상적 권한, 공식적 권한 등 3가지 권한은 직무로부터 발생하는 권한이고 추종적 권한, 전문적 권한, 정보적 권한 등 3가지 권한은 개인적 능력으로부터 나오는 권한이라고 할 수 있다. 정보적 권한은 직무에서 부여한 공식적 권한의 하나로 작용할 수 있다.

위에서 언급한 조직 관리자의 권한 행사는 다양한 형태의 리더십을 발휘한다. 리더십을 발휘하는 관리자는 공식적, 합법적 관리자와 개인적 기술과 자질을 바탕으로 한 비공식적 관리자로 크게 구분할 수 있다.

리더십이 무엇인가를 파악하기 위한 연구는 관리자의 특성을 중심으로 접근하는 연구와 관리자의 행동을 중심으로 접근하는 연구로 크게 나눌 수 있다. 나아가 연구자들은 상황적합이론(contingency theory) 등 리더십을 발휘하는 상황에 관련한 연구도 진행하고 있다.

Bass & Stogdill(1990)은 관리자의 주요한 특성으로 지성, 업무지식, 지배력, 자신감, 활동(에너지)수준, 참을성, 정직함, 감정 성숙 등을 제시하였다.82) Tscheulin(1971)은 리더의 행동을 조직원과의 관계를 믿고 존중하며 가치있게 여기는 배려행동, 그리고 업무를 적절하고 효과적으로 수행하도록 관여하는 구조주도행동 2가지로 정리하였다.83) 또한, 관리자는 보상행동과 처벌 행동을 통해 조직원의 행동에 영향을 미치는 역할을 한다고 설명한다.

동기부여의 기대이론을 바탕으로 한 House(1996)는 경로목표이론(path-goal theory)에서 관리자의 행동방식을 4가지로 제시하였다.84)

- 지시적 행동(directive behavior)
  : 과업의 방향과 방법 제시하는 행동방식
- 지원적 행동(supportive behavior)
  : 조직원을 배려하는 행동방식
- 참여적 행동(participative behavior)
  : 의사결정과정에 조직원을 참여시키는 행동방식
- 성취적 행동(achievement-oriented behavior)
  : 높은 수준의 목표를 제시하고 능력에 대한 신뢰를 표현하는 행동방식

Vroom & Yetton(1973)은 조직원의 의사결정 참여수준에 따라 4가지 의사결정유형을 제시하였다.[85]

- 독재적 유형(autocratic): 관리자 스스로 의사결정
- 협의적 유형(consultative): 조직원의 의견을 듣고 의사결정
- 집단적 유형(group): 집단적 협의를 통한 의사결정
- 위임적 유형(delegated): 담당 조직원에 의한 의사결정

리더십에 관한 여러 이론을 바탕으로 프로젝트 수행에서 필요한 유형을 정리해 보면 크게 지시적 리더십, 통합적 리더십, 카리스마적 리더십으로 나눌 수 있다.

지시적 리더십은 조직 내부 상호작용이 약하고 목표와 역할이 불분명한 프로젝트 수행 초기에 나타나는 리더십으로 사업방향의 제시, 역할 배분, 정책 제시, 업무 방법론 제공의 역할을 한다. 통합적 리더십은 각 상황에 따른 목표와 계획을 제시하고 각 영역에 미치는 통합적인 영향을 분석함으로써 합당한 의사결정을 이끄는 리더십이다. 이러한 통합적 리더십은 프로젝트 수행의 전체 과정에서 중요한 역할을 담당한다. 카리스마적 리더십은 목표에 대한 동기부여와 자발적 합의 도출을 이끄는 리더십으로 비전을 제시하고 목표의 달성을 위해 조직원을 독려하는 방식으로 역할을 한다.

2) 갈등관리의 개념

조직의 운영에서 갈등은 필연적으로 발생한다. 갈등은 조직의 목적과 목표에 대한 서로 다른 이해, 과제의 수행 방법에 대한 서로 다른 견해, 조직원 간의 이해 상충과 오해, 감정적 대립 등 다양한 형태로 나타난다. 그렇지만 갈등을 부정적인 요소로 여겨 배척하지 않고 긍정적, 건설적 요소로 활용할 수 있다는 것이 오늘날의 견해이다.

갈등(conflict)은 개인의 내적 갈등, 조직 내 갈등, 집단 간 갈등 등으로

나눌 수 있지만 여기서는 조직 내 갈등에 한정하여 살펴본다. Thomas(1997)에 따르면 갈등은 조직 내에서 한 조직원의 관심 사항에 대해 다른 조직원이 부정적인 영향을 미치려 하거나 미치는 상황을 지각하였을 때 일어나는 과정이라고 정의한다.[86]

전통적으로는 갈등은 불충분한 의사소통, 폐쇄성, 신뢰 부족, 조직원의 욕구에 부응하지 못하는 경영자 등으로부터 발생하는 부정적 측면을 강조한다. 한편 조직을 변혁, 혁신하고 효과적으로 운영하기 위해서는 갈등이 꼭 필요하다는 상호작용의 관점이 있다.

상호작용적 관점에서 갈등은 크게 순기능적 갈등과 역기능적 갈등으로 나눈다. 이 구분은 과정갈등(process conflict), 과업갈등(task conflict), 관계갈등(relationship conflict)을 통해 나타난다.[87] 과정갈등은 업무의 수행 방법에 관한 것으로서 업무 초기와 말기에는 보통 수준의 갈등에서, 중기에는 낮은 수준의 갈등에서 효율적인 역할을 한다. 과업갈등은 일의 내용이나 목표를 대상으로 하고 창의적인 아이디어 창출을 자극한다. 업무의 중기단계에서는 보통 수준 이하의 과업갈등이 효율적인 역할을 한다. 한편 대인관계에서 발생하는 관계갈등은 전체적으로 낮은 수준에서 유지해야 조직의 효율성이 높다.

그렇지만 상호작용 관점에서 보더라도 갈등은 집단의 응집력을 감소시키고 불신을 조장하며 상호 간의 존경심을 앗아감으로써 결국 조직의 지속성을 떨어뜨리기 쉽다. 따라서 조직에서 언제나 발생할 수밖에 없는 갈등을 어떻게 건설적으로 해결하고 활용할 것인가에 관한 지속적인 고민이 필요하다.

3) 조직의 갈등과정

Robbins & Judge(2013)는 조직의 갈등과정이 〈그림 7-13〉과 같이 진행한다고 설명한다.[88]

1단계	잠재적 대립과 상충
2단계	갈등 인지와 개인화
3단계	갈등 해결 의도
4단계	갈등 행동
5단계	상호작용 결과

〈그림 7-13〉 조직의 갈등과정

(1) 잠재적 대립과 상충: 1단계

갈등을 유발하는 조건은 조직원 간의 의사소통, 조직의 구조, 개인적 특성 등으로 나눌 수 있다.

- 의사소통: 기본적으로 의사소통 채널의 잡음과 오해, 의미해석의 차이, 전문용어 등으로 인해 갈등을 초래할 수 있다. 그리고 의사소통의 양이 증가할수록 갈등은 줄지만, 적정한 수준을 넘어 의사소통이 과도하면 이 역시 갈등의 원인으로 작용할 수 있다.[89]

- 조직구조: 조직의 규모, 업무와 전문성, 각 조직원의 업무 범위, 조직원과 목표의 부합성, 리더십 스타일, 보상, 상호의존성 등을 고려한다. 조직이 크고 전문화할수록 갈등이 발생할 가능성이 커지고 근속연수는 이에 반비례한다. 조직원이 젊고 이직률이 높을수록, 책임 영역이 불분명할수록, 목표가 다양할수록 갈등이 발생할 가능성이 크다. 보상체계가 타 조직원에게 손실을 입히는 경우 갈등이 생길 수밖에 없고 상호 독립적으로 업무를 수행하는 경우보다 의존성이 높은 업무가 많은 경우에 갈등이 발생할 가능성이 크다.[90]

> • 개인특성: 개인의 성격, 감정, 가치관을 갈등 유발의 변인으로 살펴볼 수
> 있는데 특히 성격의 경우 신경증적이고 까다로우며 자기 감시적인 사람은
> 갈등을 일으키는 경우가 많고 갈등 발생 시 대처가 어렵다.[91] 개인의 일시
> 적 또는 지속적 감정과 가치관 역시 갈등을 유발하는 요인이다.

(2) 갈등 인지와 개인화: 2단계

1단계에서 갈등의 조건이 발생하고 그 갈등을 인지하면 그 정도에 따라
개인적 느낌을 통해 갈등이 현실화한다. 이렇게 느껴진 갈등을 통해 불안,
긴장, 좌절, 적대감 등의 개인적 감정을 경험한다. 2단계에서 갈등이 이슈
화하고 그 정체성이 드러남으로써 해결의 실마리를 찾을 수 있다. 이 단계
에서 긍정적 감정을 단단히 유지함으로써 문제 요소 간의 관계를 살펴보고
폭넓은 관점에서 혁신적 해결책을 찾으려는 태도를 견지한다.

(3) 갈등 해결 의도: 3단계

의도는 특정 방향으로 행동하려는 의사결정으로서 내적인 지각과 감정
그리고 외적인 행동 사이에 작용하는 것이라고 할 수 있다.[92] 그렇다고 해
서 행동이 의도를 그대로 반영하는 것은 아니다. 갈등 해결 의도는 협력과
독단이라는 척도를 활용하여 경쟁, 협력, 회피, 수용, 타협 등 5가지 갈등
처리를 위한 해결 의도로 구분할 수 있다.

> • 경쟁(competing): 갈등 당사자가 상대방에게 미치는 영향을 고려하지 않
> 고 자신의 이익을 추구하는 태도, 위기 상황이나 한쪽의 권한이 우위일 때
> 나타난다.
> • 협력(collaborating): 갈등 당사자들이 서로의 이해를 모두 만족시키려는
> 태도를 말한다. 이때 서로의 차이를 명확하게 드러냄으로써 해결의 방향으
> 로 이행할 수 있다. 갈등을 긍정적인 현상으로 받아들이는 상황이다. 이는
> 조직의 목표가 학습에 있고, 상대에 대해 신뢰와 정직을 나타내며, 다양한
> 관점과 정보를 바탕으로 통합적인 해결전략을 요구할 때 나타난다.

- 회피(avoiding): 갈등을 인지하고 있지만 이를 피하거나 무시하거나 드러내지 않으려는 태도를 말한다. 사소한 문제이거나, 자신을 위한 욕구 충족의 기회가 없다고 여길 때 나타난다.
- 수용(accommodating): 갈등의 당사자가 상대방의 이익을 우선하고 관계를 유지하기 위해 희생을 감수하는 태도를 말한다. 자신이 결정을 잘못한 경우나 상대방과 화합하려고 하거나 조직의 안정과 사회적 신뢰를 더 중요하게 여길 때 나타난다.
- 타협(compromising): 갈등 당사자들이 각자의 이익을 충족하기에 불충분한 해결책을 수용하는 태도를 말한다. 각자 무엇인가를 어느 정도 포기할 의사가 있고 극단적인 상황을 피하려 할 때 나타난다. 당사자들의 권력이 동등하고 시간적 여유가 없을 때도 타협이 등장한다.

(4) 갈등행동: 4단계

4단계는 우리가 보통 갈등 상황이라고 말할 때의 모습이다. 왜냐하면, 갈등행동을 통해 갈등이 겉으로 드러나기 때문이다. 당사자들은 갈등의 선언, 행동, 반응 등을 통해 자신의 해결 의도를 실천하려고 한다. 이 과정은 역동적인 상호작용의 모습을 띤다. 갈등행동은 사소한 의견 불일치나 오해가 드러나는 미묘한 단계에서부터 공개적 질문과 도전, 독단적인 언어공격, 위협과 최후통첩, 물리적 공격, 상대방을 파괴하려는 공개적 행동의 강한 단계까지를 연결하는 선분의 어딘가에 위치한다.

(5) 상호작용 결과: 5단계

갈등행동에 따른 상호작용의 결과는 조직의 성과를 높이는 순기능일 수도 있고 조직의 성과를 감소시키는 역기능일 수도 있다. 순기능 갈등은 중간 이하 수준의 갈등에서 갈등관리가 제대로 이루어질 때 가능하다. 이러한 경우의 갈등은 우선 조직 의사결정과정의 질을 개선하고 창의성과 혁신을 촉진한다. 그리고 조직원 사이의 관심과 호기심을 환기하고 새로운 아이디어 창출을 이끈다, 더불어 자기평가와 변화를 촉진하고 문제의 명확화를 통해 긍정적 해결책에 이르도록 돕는다.

(6) 갈등관리

효과적인 갈등관리는 의견 불일치의 내용과 그 차이를 명확히 하고 각 당사자에게 가장 중요한 것이 무엇인지를 확인하며 공개적으로 토론하게 함으로써 시작한다. 공개토론은 문제에 대한 공감대를 더욱 쉽게 형성하고 상호 수용 가능한 해결책을 찾을 수 있도록 한다. 특히 관리자는 공동의 관심사를 강조함으로써 각자의 관심에만 집중하거나 갈등이 개인화하지 않도록 관리할 수 있다.

프로젝트 수행과정에서 발생하기 쉬운 조직 내 갈등은 일정 조정, 우선순위 선택, 자원의 배분 등이다. 갈등에 대처하는 몇 가지 방법을 제시하면 다음과 같이 3단계에서 소개한 해결 의도의 내용과 비교하여 설명할 수 있다.

- 강제(forcing): 긴급한 사항이나 사업수행에 필수적일 때 일방적으로 하나의 관점을 관철하는 방법을 활용한다.
- 수용(smoothing, accommodating): 나중을 위해 신뢰를 쌓고자 하는 경우 차이보다는 합의를 강조하여 상대방의 의견을 받아들이는 방법을 활용한다.
- 연기(withdrawing, avoiding): 문제가 사소하거나 상황을 진정시킬 필요가 있는 경우 갈등에 적극적으로 대응하지 않거나 결정을 나중으로 미루는 방법을 활용한다.
- 타협(compromising): 당장 해결이 어려운 문제에 관하여 잠정적 결론을 내릴 때 서로의 의견을 절충하여 중간지점에서 결론을 얻는 방법을 활용한다.
- 문제해결(confronting, problem solving): 중요한 사항에 관하여 통합된 결정을 얻어야 할 때 상호 간에 이해할 만한 다른 해결책을 찾는 방법을 활용한다.
- 협력(collaborating): 다양한 관점을 취합해서 상호 이해와 합의를 끌어내는 방법을 활용한다.

7. 이해관계자

이해관계자의 개념에는 사전적으로 이익공유자(shareholder, stockholder)의 개념과 중립적으로 돈을 맡은 제삼자라는 개념을 함께 지니고 있다. 이해관계자(stakeholder)는 조직을 향하여 관심, 자원, 서비스 등을 요구하거나 조직의 활동 또는 조직이 제공하는 서비스로 인해 영향을 받는 개인, 집단, 조직 등을 의미한다. 다르게 말하면 조직이 효과적으로 산출물을 생산하고 프로그램의 실행 가능성을 유지함으로써 획득한 조직 운영의 효율성과 조직의 성공에 관심을 가지는 내외부의 조직, 집단 또는 관리자라고 할 수 있다. 간단하게는 조직의 미래에 영향을 받거나 영향을 미칠 수 있는 조직이나 개인을 이해관계자라고 정의할 수 있다.[93]

Mitchell, Agle & Wood(1997)에 따르면 이해관계자는 영향력(power), 정당성(legitimacy), 시급성(Urgency) 등의 속성을 지닌다고 설명한다.[94] 그리고 그 정도에 따라 이해관계자의 현저성(Salience, 두드러짐)의 정도가 드러나고 그 수준에 따라 이해관계자의 유형을 크게 잠재적(latent) 이해관계자, 기대적(expectant) 이해관계자, 정의적(definitive) 이해관계자 등으로 구분하였다.

- 영향력: 자신이 원하는 결과를 얻는 능력이다. 힘, 위협 등의 강제력과 규범 등의 상징적 영향력을 바탕으로 한다.
- 정당성: 조직의 행동이 바람직하고 정당하며 적당하다고 여기는 일반적인 인식이나 가정을 의미한다. 규범, 가치, 신념, 정의 등에 기반을 둔다.
- 시급성: 시간상으로 민감하거나 중요하고, 요구에 즉각적으로 관심을 기울여야 하는 중요성 정도를 의미한다. 시간의 촉박함과 요구나 관계의 중요성을 기초로 한다.

Donaldson & Preston(1995)는 이해관계자에 관한 연구방법을 설명적(descriptive) 접근, 도구적(instrumental) 접근, 규범적(normative) 접근으로

구분하였다[95]

> - 설명적 접근: 본질적인 측면에서 조직과 이해관계자를 어떻게 관리하는가의 관점에서 조직의 특성과 행위를 설명한다.
> - 도구적 접근: 이해관계자 관리와 조직의 수익적, 효율적 목표 달성과의 관계를 설명하기 위해 실증자료를 활용한다.
> - 규범적 접근: 조직의 기능을 규명하고 조직의 관리를 위한 도덕적 또는 철학적 지침을 도출하려고 한다.

그 밖에 Getz(2007)는 이해관계자의 역할을 게이트키핑(gate keeping), 협상, 협력 구축, 신뢰와 합리성 구축, 해당 이벤트의 정체성 확립 등으로 제시하였다[96]

그리고 이해관계자 관리에서 유념할 내용으로 자원의존이론, 내쉬균형(Nash equilibrium)이 있다. 프로젝트 수행에서 접하는 환경적 불확실성을 극복하기 위해서 각 조직은 능동적 측면에서 전략적인 자원 선택이 이루어진다. 이때 그 선택이 이해관계자의 권력 배분에 따라 이루어진다는 것이 자원의존이론이다.

내쉬균형은 다자간의 이익 경쟁에 있어 각 조직은 자기 조직의 이익이 최대가 되는 선택을 한다는 게임이론이다[97] 최종적으로 각 조직이 선택한 결과의 조합은 그 유명한 '죄수의 딜레마'와 같이 전체적으로는 최악의 선택이 될 수도 있다. 따라서 이해관계자 관리에서는 정보의 공유와 조정을 통해 **파레토최적**(Pareto-optimal) 이상의 결과를 창출할 수 있도록 하는 상호 노력이 필요하다.

파레토최적
Pareto-optimal[98]
파레토효율(Pareto-efficient)이라고도 한다. 파레토최적은 다른 사람이 불리해지지 않고는 누구도 유리해질 수 없게 선택한 최적의 상황을 의미한다. '죄수의 딜레마' 예에서 두 죄수가 서로 불리해지지 않도록 동시에 선택할 수 있는 최적의 선택을 의미한다. 그렇지만 파레토최적은 다자간 협의에서 선택할 수 있는 제일 나은 선택이 아니라 그 시작점이라고 할 수 있다.

---

1) 권력 의존이론

권력 의존이론(power dependence(또는 relations) theory)에 따르면 타인에 대하여 자신의 의지를 관철할 수 있는 확률을 의미하는 권력은 항상 관계적이라고 할 수 있다. Emerson(1962)에 따르면 권력관계의 핵심적인 요소는 의존성이다.99) 그리고 이 의존성을 결정짓는 요인은 중요성(importance) 요인, 희소성(scarcity)요인, 대체 불가능성(nonsubstitutability)요인이다.100) 따라서 프로젝트에 미치는 영향으로서의 이해관계자에 대한 의존성은 위의 3가지 결정요인의 크기의 합으로 평가할 수 있다.

2) 관계망 분석이론

관계망(networks)은 개인 또는 집단을 연결하는 묶음을 의미한다. 이러한 연결망 속에서 사람이나 조직은 그 위치에 따라 경험이나 행동, 성과 등이 달라진다. 특히 관계망 분석을 통해 권력의 획득과 이동 그리고 그 이유를 파악할 수 있다.101) 관계망 분석은 빅데이터(Big Data) 분석을 통해 쉽게 접근할 수 있다. Knoke & Kuklinski(1982)는 관계망의 종류를 상품의 거래, 정보전달, 이벤트나 조직의 참여, 행위, 감정(애정, 존경, 적의)의 대상, 권위와 권력관계, 친족관계 등으로 구분하였다.102) 관계망 분석의 예로는 중심성 분석, 구조적 유사성을 활용한 단순화 분석, 관계망의 밀도 분석, 다차원 척도법 등이 있다.103)

관계망 분석의 한 가지 예로 Milgram(1967)이 제시한 6단계 분리 이론(six degrees of separation)이 있다.104) 그는 유명한 소포전달 실험을 통해 전 세계 사람을 6단계 안에 모두 연결할 수 있다고 주장하였다. 인터넷과 SNS의 발달에 따라 일반인도 그 의미를 쉽게 실감할 수 있다. 관계망에서 개인이나 조직은 중심성, 연결 정도, 지지도 등을 바탕으로 그 중요성을 판단할 수 있다.

3) 협상

협상(negotiation)은 이해관계자의 다양한 이해를 조율하고 적정한 합의와 결론에 도달하기 위한 필수적인 과정이다. Walton & McKersie(1965)는 분배적 교섭(Distributive Bargaining), 통합적 교섭(Integrative Bargaining),

조직 내 교섭(Intra-organizational Bargaining), 태도 형성(Attitudinal Structuring) 등 4가지로 협상의 과정을 구분한다.[105]

(1) 분배적 교섭

분배적 교섭(Distributive Bargaining)은 이득의 합이 고정된(a fixed pie) 교섭으로 한쪽이 이득을 얻으면 한쪽이 잃는 제로섬 게임(zero-sum game) 또는 윈루즈 게임(win-lose game)이다. 서로 더 많은 분배를 차지하려고 경쟁하는 분배적 교섭자들은 각자의 정해진 위치(position)를 고수하려는 비타협적 자세를 취한다.

분배적 교섭은 다음 〈그림 7-14〉와 같이 A, B 각 편이 고수하는 최소한의 저지선 사이에 존재하는 차이 안에서 각자 손해(-)로 타결할 가능성이 크다. 분배적 교섭에서는 상대방과 서로의 정보를 공유하기보다 전략으로 이용하려는 경향이 나타난다.

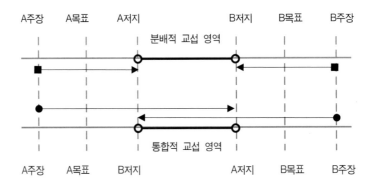

〈그림 7-14〉 분배적 교섭과 통합적 교섭

〈그림 7-14〉에서 예를 들어 B가 팔려고 하는 물건의 단가를 9,000원이라고 주장하여 제시하고 목표값을 8,000원, 저지선을 7,000원이라는 전략으로 협상에 나선다. 한편, A는 살 수 있는 단가를 4,000원이라고 제시하고 협상 목표값을 5,000원, 저지선을 6,000원이라는 전략으로 협상에 나선다면 분배

적 교섭에서는 6,000원에서 7,000원 사이에서 가격을 결정한다고 할 수 있다. 교섭영역이 각자의 수용영역을 벗어나면 교섭은 실패로 끝나기 쉽다. 최저임금 협상을 떠올리면 이해가 쉬울 것이다.

(2) 통합적 교섭

통합적 교섭(Integrative Bargaining)은 상생 게임(win-win game)으로 이득의 합을 확장하고(expand the pie) 시너지효과가 발생할 수 있다는 생산적 원칙에 기반을 둔 교섭이다. 각자 최대의 이익은 아닐지라도 서로가 이익을 최소한 공유할 수 있는 다목적의 최적해(Pareto-optimal frontier)를 찾는 타협적 자세를 견지한다.

통합적 교섭에서는 앞의 〈그림 7-14〉와 같이 각 편이 주장하는 최소한이 저지선이 상대방의 이익(+) 안에 겹쳐있는 경우이거나 상대방의 주장에 대한 수용성이 높은 경우이다. 그렇지만 이 협상이 섣부른 양보나 인정을 우선한다는 의미는 아니다. 통합적 교섭에서는 신뢰를 바탕으로 상대방과 서로의 정보를 공유함으로써 함께 획득하거나 창출할 수 있는 최적의 이익이 무엇인지를 탐색한다. 능력에 따라 자원을 분배하는 예를 들 수 있다.

(3) 조직 내 교섭

조직 내 교섭(Intra-organizational Bargaining)은 교섭자가 조직의 대표로 협상에 참여하기 때문에 외부와 협상 시 교차적으로 내부 협상이 지속해서 필요함을 의미한다.

(4) 태도 형성

태도 형성(Attitudinal Structuring)은 협상의 과정을 통하여 만들어지는 양측 태도의 긍정적 또는 부정적 변화를 의미한다. 특히 분배적 교섭 상태에서 통합적 교섭 상태로의 전환을 기대한다. 이는 통합적 교섭을 목표로 상호 간의 정보공유를 통해 합리적 판단을 형성하고 그 협상 과정에서 조직 내 교섭을 통해 바람직한 합의를 끌어냄으로써 달성할 수 있다.

(5) BATNA

끝으로 협상력을 높이는 기술의 하나로 하버드에서 개발한 '협상 결렬에 대비한 차선책(BATNA, Best Alternative To a Negotiated Agreement)'의 활용을 살펴본다. 모든 조건을 고려하고 잘 준비한 BATNA는 협상을 성공으로 이끄는 기준과 협상의 동인으로 작용한다. 따라서 우수한 협상가들은 BATNA를 협상의 성공을 위한 지렛대로 활용한다. 상대방의 처지에서 봤을 때 협상가가 제시한 협상안의 내용이 협상의 결렬에 따라 선택하는 BATNA(차선책)로 얻을 수 있는 예상 결과보다 우수한 때 그 협상안으로 타결될 가능성이 크다.

BATNA의 예에는 전략적 차선책 선택, 협상 중단, 협상 상대자 바꾸기, 제삼자와의 연합이나 제휴, 법적 대응, 파업 개시 등이 있다. BATNA의 활용 효용성을 높이기 위해 간접적 또는 우회적 방법으로 그 내용이나 정보를 상대방에게 노출하여 활용하는 경우가 많다.

4) 이해관계자 분석

이해관계자 분석은 한마디로 조직의 의사결정에 대한 영향력을 평가하는 것이다. 그리고 모든 이해관계자의 요구를 바탕으로 균형점을 찾는 작업이다. 이해관계자의 분석에서는 그들의 태도가 변화할 수 있음을 고려한다.

우리가 이해관계자 분석을 통해 얻으려는 것은 그들의 요구사항 파악, 영향력의 상호작용방식 파악, 정보의 전달과 획득, 부정적 태도에 대한 대응력 향상, 잠재적인 리스크의 파악 등이다.

이해관계자 분석을 위한 절차는 다음과 같이 크게 3단계로 나눌 수 있다.106)

- 1단계
  : 이해관계자 목록 작성과 분류
  : 브레인스토밍 등 다양한 확인 방법 활용
- 2단계
  : 이해관계자의 특성 파악
  : 이해관계자의 견해 또는 기대 확인
  : 이해관계자의 욕구와 충족방식(경쟁자와 비교)
  : 이해관계자의 평가방식
- 3단계
  : 이해관계자의 우선순위 결정

이해관계자의 요구를 파악하기 위한 프로필 작성목록의 구체적인 예는 다음과 같다.

- 이해관계자 이름과 우선순위
- 구체적인 접촉 방법
- 주요관심사와 쟁점
- 영향력: 높음, 중간, 낮음 등
- 태도: 옹호자, 지원자, 중립자, 비판자, 방해자 등
- 기대하는 수준: 높음, 중간, 낮음 등
- 기대하는 역할 및 활동(경쟁자와 비교)
- 기획과정 중 참여나 의견의 참조 등이 필요한 단계
- 전달해야 할 메시지(정보공유 수준, 요구사항 등)

5) 이해관계자 행동 분석

이해관계자 분석을 통해 획득한 자료를 바탕으로 상호 간의 우선순위를 파악하기 위하여 두 가지 이상의 변수를 고려한 다차원 척도의 적용이 가

능하다. 예를 들어 이해관계자의 영향력과 관심도를 동시에 고려한다면 〈그림 7-15〉와 같이 크게 핵심자(Key Player), 지지자(Keep Satisfied), 요구자(Meet Their Need), 방관자(Minimal Effort)로 이해관계자를 분류할 수 있다.[107)108)] 참고로 Murray-Webster & Simon(2006)은 영향력, 관심도, 태도 등 3가지 차원에서 평가하였고[109)] Bourne(2005)은 영향력, 근접성, 긴급성을 바탕으로 방사형으로 이해관계자를 분석하였다.[110)]

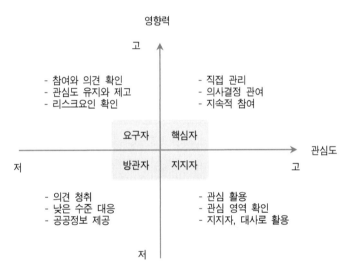

〈그림 7-15〉 이해관계자 행동 매트릭스

6) 이해관계자 분류

Smith(1994)는 공공조직에 영향을 미치는 이해관계자를 4가지로 분류한다.[111)] 먼저 자원의 선택과 분배에 직접 권력을 행사하는 자원통제 이해관계자로 자원관련부서, 인사부서, 보조금예산부서, 관련위원회, 후원자가 있다. 다음은 자원에 대해 간접적으로 권력을 행사하는 정치적 이해관계자로 미디어, 압력단체, 납세자, 투표자, 의회의원, 독점적 서비스 수혜자가 있다. 세 번째는 서비스 생산과정에 의존하는 생산 관련 이해관계자로 직원, 공급

자, 협력자, 노조가 있다. 끝으로 조직 활동의 환경에 영향을 미치는 환경
관련 이해관계자로 의회, 규제기관, 지방산업, 대안서비스생산조직(기업),
교육기관이 있다.

이벤트의 체험이란 관점에서 Getz(2007)는 각 이해관계자를 유료방문객,
(축제, 사적 이벤트 등의) 초청방문객, 프로그램 참여자(선수, 경연자 등),
시청자, 공연자, 제작자와 개최조직, VIP, 공무참여자(심판 등), 규제기관(경
찰, 소방, 보건 등) 등을 제시하였다. 〈그림 7-16〉은 이벤트와 이해관계자의
상호거래 관계를 보여준다.

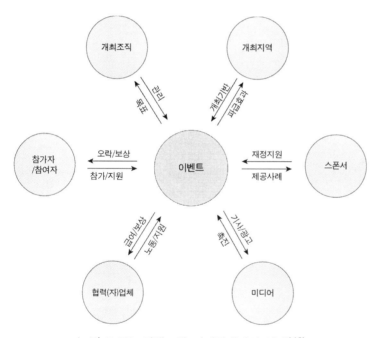

〈그림 7-16〉 이벤트와 이해관계자의 관계[112]

Chapter

08

Event planning

프로그램 연출

프로그램 연출

이벤트는 프로그램의 연출을 통해 각 이벤트의 독특성을 표현하고 참가자에게 개최목적과 주제를 전달한다. 이벤트개최자는 다른 이벤트와의 차별성과 경쟁력을 확보하기 위해 많은 인력과 자원을 프로그램 연출에 투여한다. 기획자는 연출을 위하여 독특한 콘셉트를 개발하고 새로운 아이디어를 창출하는 데 많은 시간과 노력을 기울이며 새롭고 적절한 시스템을 구축하기 위해 노력을 아끼지 않는다.

1. 이벤트 프로그램

이벤트 프로그램은 이벤트의 유형에 따라 기본적으로 서로 다른 형식으로 개최하지만 그렇다고 각각 하나의 형식만을 고집하지 않는다. 예를 들어 회의이벤트에서 중심 형식은 회의나 강연 등을 활용하지만 다른 유형의 형식인 공연, 전시, 시찰(관광), 연회 같은 프로그램도 회의이벤트의 효과를 높이고 체험을 풍성하게 만든다.

이벤트 프로그램은 무엇보다 이벤트 참가자의 체험과 관련이 있다. 이벤트에서의 체험은 앞서 1장에서 소개한 〈그림 1-2〉와 같이 개최자가 참가자에게 제공하는 체험몰입의 시공간이다. 그리고 그것은 각각의 이벤트가 독특하게 제공하는 프로그램 안에서의 체험이라고 할 수 있다. 따라서 이벤트 프로그램의 구성과 운영은 이벤트 개최목적의 성공적인 달성과 맞닿아 있다.

프로그램을 구성할 때는 체험을 통한 몰입이 이루어질 수 있도록 선행조건을 고려한다. 선행조건은 참가자의 욕구, 동기, 기대 그리고 분위기 조성 등의 준비를 의미한다. 프로그램은 참가자의 관여도와 참가의 수준에 따라 관계적, 행동적, 인식적, 정서적, 감각적 차원의 체험몰입을 할 수 있도록 구성하고 연출한다. 연출로 체험몰입의 효과성을 높여 참가자가 전도체험에 도달함으로써 획득한 변화는 이벤트의 개최목적을 달성하는 것임을 잊지 않는다.

1) 주프로그램과 보조프로그램

이벤트 프로그램은 크게 주프로그램(main program)과 보조프로그램(sub program)으로 구분할 수 있다. 주프로그램은 행사의 개최목적에 따라 결정한 중심적 프로그램 형식이다. 보조프로그램은 주프로그램을 도와서 그 효과를 높이거나 기능적으로 보완 역할을 하는 프로그램이다. 보조프로그램은 주프로그램보다 자유롭고 창의적인 형식과 색다른 내용의 도입이 가능하여 이벤트 전체에 활력을 부여하고 체험을 풍부하게 만드는 역할을 한다.

보조프로그램은 참가자의 만족도를 높이기 위해서, 홍보 및 마케팅 효과를 위해서, 수익의 창출이나 지역사회 공헌을 위해서 등 다양하게 도입한다. 예를 들어 자원봉사자의 사기 앙양을 위해 깜짝 파티를 준비한다든지 목적하는 이벤트의 개최 시기에 앞서 대중의 관심과 주목도를 높이기 위한 홍보마케팅 프로그램을 사전에 개최할 수 있다. 다른 예로 이벤트를 개최하는 중에 후원사를 위한 전시 부스를 배치하여 운영할 수도 있다.

2) 프로그램의 구성요소

기획자는 프로그램을 구성하기에 앞서 이벤트개최자의 요구사항은 무엇인지, 기획을 위해 위임한 사항이 무엇인지 그리고 참가자에게 제공하는 편익은 무엇인지 등을 다시 점검한다. 점검할 항목의 예는 다음과 같다.

- 개최자의 요구사항
- 프로그램의 대상: 목표 세분 집단의 성격과 인원
- 배정한 예산과 집행 방법
- 실행 환경: 시간, 위치, 시설과 규모, 접근성 등
- 제공 가능(필요) 서비스: 건강과 안전, 편의, 정보, F&B 등
- 주제의 표현 방법: 명칭, 로고, 심벌과 마스코트, 설치 디자인, 장치 활용, 지원활동, 관련판매, 일관성 유지 등
- 품질관리 방법: 특성화, 운영요원 교육, 지속적 혁신, 문제 식별과 방지 등

프로그램을 구성할 때 고려할 수 있는 형식의 예로 다음과 같은 것이 있다.

- 의식/의례: 개회식, 폐회식, 시상식, 리셉션, 기념식, 고사, 제례 등
- 경기/게임: 체육대회, 경연대회, 백일장, 사생대회, 오락 등
- 전시/판매: 상품전시, 예술품전시, 향토음식 판매, 기념품 판매, 특산품 판매, 경매, 홍보부스, 샘플링, 거리 캠페인 등
- 공연: 음악, 무용, 연극, 민속공연, 퍼포먼스 등
- 교육/정보: 체험, 전시, 시연, 재현, 강연, 토론, 회의 등

프로그램의 내용을 구성할 때는 다음과 같은 내용을 고려할 수 있다.

- 의식: 주제에 관련한 소속감 제고와 공유, 공표 등
- 정서자극: 애국심, 자긍심, 유흥, 위협 등
- 감각자극: 시각요소, 향기, 맛, 접촉, 음악과 소음 등
- 지역고유성: 문화요소 반영, 재현 신뢰성, 지역사회 지원 등
- 접객: 환영과 서비스, 주최자와 참가자의 접점 등
- 놀이: 스포츠, 경연, 오락, 유머와 놀라움 등
- 교육: 학습 기회, 전시, 시연
- 상업: 판매/교역/견본, 광고와 설득, 투자유치
- 오락: 공연

2. 연출의 의미

'연출(演出)'을 한자로 풀이하면 '꺼내어 펼친다'라는 뜻을 지니고 있다. 중국에서는 연출 대신에 '도연(導演)'이 쓰이고 있는데 이 또한 '펼침을 이끌다'라는 뜻이지만, 지시 및 통제의 의미가 좀 더 강하다. 국립국어원 표준국어대사전에서는 연출을 '어떤 상황이나 상태를 만들어 냄'이라는 일반적인 뜻 이외에 공연 등과 관련하여 '연극이나 방송극 따위에서, 각본을 바탕으로 배우의 연기, 무대 장치, 의상, 조명, 분장 따위의 여러 부분을 종합적으로 지도하여 작품을 완성하는 일, 또는 그런 일을 맡은 사람' 그리고 '규모가 큰 식(式)이나 집회 따위를 총지휘하여 효과적으로 진행함'이라고 설명한다.

영어로는 'direction' 또는 'production'으로 쓰이고 전자는 지시와 통제의 관점 후자는 생산과 제작의 관점에서 표현하고 있다. 현대 연출의 개념을 본격적으로 적용한 프랑스에서는 연출을 'mise en scène(미장센)'이라 쓰고 무대화 또는 장면화를 의미한다. 특히 영화에서 미장센은 리얼리즘 미학의 형식을 반영하여서 한 화면을 이루는 이미지의 모든 구성요소가 주제의 표출에 이바지하도록 하는 연출 작업을 의미한다. 이벤트에서 연출을 design, coordination, implementation으로 쓰기도 하는데 이러한 단어들은 연출자의 독창성보다는 계획에 따른 실행에 더 큰 무게를 두고 있다.

연출의 일반적 의미를 살펴보면 연출자의 개성을 바탕으로 어떤 분야에서 상황이나 상태를 만드는 독창적 작업이라 할 수 있다. 연출은 시간과 장소, 소리, 빛, 도구, 몸짓 등 여러 물리적 요소를 구성하여 제시함으로써 전달하고자 하는 내적 진실을 표현한다. 예술적 의미 이외에도 '자신을 연출하다' 등 일상생활에서 사용하는 연출에서도 그 뜻을 적용할 수 있다.

연출의 역사를 간략히 살펴보면 고대의 디오니소스 제전에서 공연의 전체적 준비와 지도를 맡고 출연까지 하였던 작가(시인)가 있었다. 중세에는 전문적이고 직업적인 축제 감독이 한 달 이상 상연하는 여러 공연을 돌아다니며 연출을 하였다. 그렇지만 현대에 이르기 전까지는 창작의 의미보다는 제작과정을 통제하는 감독의 의미가 강하였다. 자신만의 독창적인 무엇을 만들어내기 위하여 전체를 총괄적으로 지휘하는 연출이 나타난 것은 약 100년 전이다. 이후 짧은 시기 동안 공연 분야에서 시작한 연출의 의미는 영화 등 다른 분야로 급속하게 확장하였고 일상까지 침투하여 개성표출이라는 말뜻으로도 쓰이고 있다.

정리하면 연출은 사람들이 무엇인가를 체험하거나 느낄 수 있도록 꾸며서 펼치는 것이라고 할 수 있다. 따라서 특정한 전도체험을 목적으로 하는 이벤트의 기본적 속성상 연출을 생각하지 않고서는 이벤트를 개최하기 어렵다.

3. 이벤트와 연출

이벤트의 개최는 크게 기획과 실행으로 나눌 수 있다. 여기서 기획은 이벤트 개최를 위한 준비과정을 의미하고 실행은 이벤트를 개최하는 기간의 활동을 의미한다. 실행보다는 준비과정에 훨씬 많은 시간과 노력을 할애하지만, 이벤트의 성공을 평가한 결과는 대부분 실행에서 얻는다. 올림픽, 세계박람회, 월드컵 같은 대규모 이벤트를 개최하고자 할 때는 유치와 준비기간을 포함하여 길게는 10년 이상 준비하기도 하지만 그 성공 여부의 평가는 그 이벤트를 개최한 며칠이나 몇 주 혹은 박람회처럼 길어야 6개월 정도의 기간에 그 평가를 집중한다. 이벤트의 개최를 위한 노력은 이렇듯이 실행의 현장으로 향한다.

의도한 경험을 참가자에게 전달하여 변화를 꾀하고자 하는 이벤트는 연출이 필수적이다. 이벤트의 모든 요소를 의도에 따라 총체적, 유기적 방식으로 연출하고 통제하지 못하면 그때 발생하는 많은 경험은 우연에 의해 지배받을 가능성이 커진다. 결과적으로 의도한 경험의 전달에 실패하고 의도하지 않은 전혀 다른 의미나 내용을 참가자가 체험한다. 그러면 당초에 목적했던 변화를 이루지 못하고 이벤트는 실패한다. 결국, 그것은 개최자가

목적했던 이벤트가 아님을 의미하고 뜻하지 않은 일종의 우발적 사건, 사고
로 끝나고 만다.

1) 이벤트연출가

이벤트에서 연출은 개최목적의 달성을 지향하기 때문에 예술적 견지의
연출과 비교하면 자유로운 표현에는 한계가 있다. 그렇지만 표현에 대한
기술적 적용에는 차이는 없다. 이벤트를 통해 드러나는 표현과 체험의 총
괄적 지휘자인 연출가는 개인적 역량이나 탁월함으로 연출내용을 구축한
다고 생각하기도 한다. 그렇지만 이벤트의 제작과정과 실행 내용을 살펴보
면 개최자, 기획자, 스태프, 협력업체를 비롯한 여러 이해관계자와의 의사
소통을 통하여 연출내용을 완성한다. 이벤트의 개최일이 되어서야 등장하
는 참가자도 연출의 구성요소임이 분명하다. 대중과의 다양한 형태의 기술
적 소통이 가능한 현대에서는 개최 현장은 물론 사전 준비과정에서도 대중
적 참여가 가능하다.

소규모의 이벤트에서는 기획과 연출이 오롯이 한 사람의 지휘로 이루어
지기도 하지만 많은 경우 기획자는 이벤트의 총괄 관리자의 위치에서 진행
과 운영을 담당하고 연출가(감독)는 핵심 프로그램의 아이디어를 실현하는
지휘자의 역할을 담당한다. 연출가는 콘셉트 개발이나 프로그램 아이디어
창출 등 기획과정의 시작에서부터 참여하기도 하고 기본구상을 완료한 이후
에 그 내용을 구체적으로 실현할 수 있는 적정한 연출가를 섭외하기도 한다.

이벤트연출가는 이벤트가 다양한 것과 마찬가지로 각 유형의 특징을 실
현하는 연출가들로 분류할 수 있다. 예를 들어 공연이벤트나 개·폐막식
프로그램을 지휘하는 연출가, 스포츠 경기를 진행하는 연출가가 있고 축제
와 같이 복합적인 프로그램을 실행하는 연출가가 있으며 전시나 박람회와
같이 설치디자인과 관람객을 연결하는 연출가가 있다. 또한, 연회나 의전
등 절차와 격식을 중심으로 하는 연출가가 있고 거리의 판촉 행사처럼 불
특정 다수의 집객과 흐름을 다루는 연출가도 있다.

2) 이벤트 실행의 고려사항

여러 이벤트를 같은 관점에서 살필 수는 없지만, 이벤트를 실행하는 데 고려할 사항을 대략 열거하면 다음과 같다.

표현주제(Concept), 프로그램 구성, 행사장소 선정과 배치, 관람객, 초청객, 접객서비스, 동선, 무대, 수도, 전기, 인터넷, 조명, 음향, 영상, 중계, 특효, 소품, 장치, 장식, 식음료, 출연자, 행사요원, 제작일정, 기록, 안전 등이 있다.

이벤트 실행의 고려사항은 각 이벤트의 특성에 따라 많이 달라진다. 회의이벤트는 강연자와 참가자 등록, 회의실과 설비 등에 보다 주목하고 전시이벤트는 디자인과 설치 관련 서비스, 설치 일정 등에 관심이 높아진다. 담당자는 구체적인 고려사항을 확인 목록(Check List)으로 정리하고 개최 현장에서 계획대로 이행하는지와 특기사항을 확인한다. 여러 고려사항은 이벤트 연출의 관점에서도 사전에 확인하고 활용하는 목록이다.

4. 이벤트 연출의 요소

이벤트를 효과적으로 연출하기 위해 활용하는 여러 요소를 살펴보면 이벤트를 개최하는 장소, 시간, 사람, 빛, 소리, 냄새, 맛, 질감, 매체, 출연자 등이다. 연출 요소는 개최장소를 구성하는 모든 요소와 그것을 내외부로 연결하는 모든 요소를 아우른다고 할 수 있다. 여기서 인위적 연출로 통제할 수 있는 요소와 통제할 수 없는 요소에 대한 이해가 중요하다. 특히 이벤트 체험몰입의 관점에서 개최장소에서 극복해야 할 제약사항이 무엇인지를 파악하는 것이 연출의 출발점이 될 수 있다.

(1) 장소

이벤트를 개최하는 장소는 이벤트 연출의 배경이자 이벤트 형식의 기본적인 틀로 작용한다. 예를 들어 공연이벤트는 무대의 위치가 실내인가 실외인가에 따라 연출의 내용이 달라지고 전문 공연장인지 가설무대인지에 따라서 연출의 방향이 달라진다. 그리고 무대의 형태(극장형, 원형 등)에 따라서도 연출의 접근방법이 달라진다. 스포츠이벤트를 컨벤션 홀에서 진행하기란 쉽지 않지만, 오락형으로 진행하거나 실내 스포츠에 한정한다면 가능할 수도 있다.

우리는 일반적으로 장소를 3차원의 공간으로 접근한다. 그렇지만 관객의 시각에 보이는 공간은 평면적 구성의 연속이라고 보는 것이 이벤트 연출에 적용하기 쉽다. 다시 말하면 지배적인 시선에서 느껴지는 공간배치의 평면적 느낌을 감정적으로나 심미적으로 어떻게 전달할 수 있는지를 고려하여 공간을 구성할 수 있다.

예를 들어 평면에 연출 요소를 수평 배치함으로써 안정감을 추구하거나 수직 배치로 연출함으로써 자유로운 분위기를 연출할 수 있다. 그리고 오른쪽으로 점점 높아지는 대각선 형태의 배치를 연출함으로써 서정적 조화의 느낌을 나타낼 수 있고 왼쪽으로 점점 높아지는 대각선 형태의 배치를 연출함으로써 비조화의 극적 느낌을 연출할 수 있다. 두 가지 요소는 함께 활용할 수 있다.

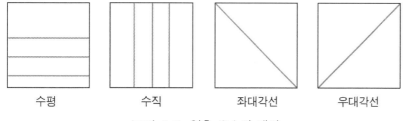

수평 　　　　수직 　　　좌대각선 　　　우대각선

〈그림 8-1〉 연출 요소의 배치

또는 평면적 구성의 연속이라는 관점에서 전시장의 지배적 시선은 안정성을 유지하되 관객이 이동 동선에 따라 만나는 시선 중에 낯선 연출(주제)을 삽입함으로써 깊은 인상을 남기는 깜짝 효과를 연출할 수 있다.

공간을 어떻게 나누느냐에 따라 이벤트 참가자가 다르게 느낄 수 있다. 특히 전시이벤트의 경우 시간의 확장과 축소, 의미의 분절과 전환 등 다양한 형태의 접근이 가능하다. 미로형 구조는 시간과 경험의 양을 늘려주고

질서 있는 강제 동선을 형성한다. 참가자가 기다리는 대기 공간을 설정하고 사전참여 과정을 둠으로써 이벤트 체험에 대한 기대와 만족을 증폭할 수 있다. 의미의 분절과 전환의 방법을 적절히 활용하여 이벤트 전체를 묶어주는 이야기를 구축함으로써 이벤트 체험을 보다 효과적으로 전달할 수 있다.

그리고 공간의 분할은 이벤트 운영에서도 효율적으로 활용할 수 있다. 운영(서비스)동선과 관객(관람)동선의 구분, 준비공간과 체험공간의 구분 등이 그 예라고 할 수 있다. 연출을 통한 '이벤트 장소'의 명확한 구축은 참가자가 일상을 떠나 일상과 분리된 고유의 장소에 도착하였음을 인식하게 한다. 그리고 그러한 인식은 참가자가 이벤트 체험에 본격적으로 몰입할 수 있도록 돕는다. 이벤트의 추억은 독특하게 연출한 이벤트 장소로부터 시작한다.

(2) 시간

이벤트의 개최에 있어 시간도 장소와 마찬가지로 이벤트 연출의 배경이자 이벤트 형식의 기본적인 틀로 작용한다. 이벤트의 개최 시기와 기간은 이벤트 연출의 내용을 결정짓는 중요한 요소이다. 예를 들어 추수 시기에 맞추어진 감사축제, 사순절 직전의 카니발, 관광 비수기 극복을 위한 축제 등이 있다. 정부에서 주관하는 시설이나 건축, 토목공사 등의 기공식이나 준공식은 선거 등의 정치 일정에 따라 조율하기도 한다. 때로는 메가이벤트의 유치와 정치적 캠페인을 연결하기도 한다.

이벤트의 기간이나 시간은 전통적으로 정해진 것도 있지만 대체로 예산과 참가 규모에 따라 조정한다. 주어진 시간을 효과적으로 활용하기 위해서는 프로그램을 구성하는 이벤트 연출의 역할이 매우 중요하다. 그리고 이벤트를 효과적으로 연출하기 위해서는 개최 기간뿐만 아니라 적절한 준비기간이 필요하다. 연출가가 아무리 훌륭한 프로그램을 제안하여도 그 준비기간이 부족하다면 실제로는 실현할 수 없는 이벤트이기 때문이다.

시간의 연출은 행사 기간 전체를 의미하기도 하지만 더욱 주목해야 할 부분은 참가자의 체험 시간이다. 축제에서 연출가는 3일이든 보름이든 축제 기간 전체를 하나의 그림으로 생각해서 연출한다. 그렇지만 참가자의 많은 수는 4시간 내외로 축제를 방문하기에 주요 방문 시간대와 참가자의 체험 리듬을 고려한 연출이 무엇보다 중요하다.

결과적으로 좋은 연출가는 참가자들이 체험에 몰입하도록 함으로써 일상의 외부시간을 인식하지 못하도록 분리하고 고유의 '이벤트 시간'을 창출한다. 이러한 이벤트 시간의 체험은 고유의 추억과 신체적 기억으로 남아 참가자의 삶이 변화하도록 촉진한다. 이벤트 장소와 이벤트 시간은 각 이벤트를 고유한 모습으로 만들고 참가자를 일상과 분리하는 이벤트의 기본적인 틀로서 작동한다.

(3) 사람(군중)

이벤트는 참가자의 집단적인 체험을 계획한다. 개인적 특성에 따라 각자의 추억은 다르게 새기겠지만 함께하였다는 집단적 기억으로부터 출발한다. 따라서 어떤 대상을 이벤트에 초대할 것인가, 시간별 집객이나 배치는 어떻게 할 것인가, 특정인이나 집단에 대한 강조가 필요한가, 참가자의 상호작용은 어떻게 이끌 것인가 등 사람에 관한 다양한 연출 방향을 고려한다.

스포츠이벤트에서 경쟁 선수나 팀, 관중의 배치에서 상호 불필요한 충돌을 배제하되 각 편의 경쟁에 대한 열정을 어떻게 대비함으로써 에너지를 높이고 해소할 것인가를 연출한다. 회의나 세미나의 경우 전문가 집단을 어떻게 분류하고 초청하느냐에 따라 그 성패가 달라진다. 이벤트의 성공적 개최를 위해서는 선도적 집단이나, 준거집단을 적절히 활용할 필요가 있다.

한 덩어리로서의 군중은 오브제로서 장면구성의 연출 요소 중 하나이다. 군중의 모임과 흩어짐 그리고 흐름으로 형성하는 동선은 이벤트 연출의 중요한 요소이다. 그리고 군중의 흐름은 서비스와 프로그램 제공 방법의 주요한 변수이고 현장 운영의 관점에서 군중은 안전 등 리스크관리의 핵심 요소이다.

(4) 빛

인간의 오감 중 시각이 차지하는 영향력이 가장 크다. 어떤 움직임이나 사물도 빛(조명) 없이 전달하고자 하는 내용을 전달하기란 쉽지 않다. 빛을 통제하면 그 효과를 높일 수 있다. 연출은 배경의 설정, 평면감과 입체감, 강조와 배제 등의 효과를 연출하기 위해 빛을 기본적인 도구로 활용한다.

빛은 자연광과 인공조명으로 구분할 수 있다. 자연광은 통제가 힘들어 연출에 활용하기 어렵지만, 행사의 적절한 효과를 창출하기 위해서는 자연광을 활용하는 이해가 필요하다. 예를 들어 야외에서 개최하는 공연이벤트의 경우 일반적으로 무대의 전면이 해를 안고 행사를 진행할 수 있도록 설치한다. 그렇게 하면 관객이 역광을 피해 편하게 무대를 바라볼 수 있고 무대의 공연 내용도 잘 드러난다. 객석은 한여름처럼 태양 빛이 강할 경우 그늘막 등을 설치하여 관람의 편의와 집중을 도모한다.

인공조명은 조도(강도), 색, 분포(배치), 움직임(변화) 등으로 구성한다. 조도는 빛의 양을 의미한다. 색은 분위기를 창출하여 감정을 움직이고 주제를 전달하는 중요한 역할을 한다. 보이는 색은 사물의 색 자체가 아니라 조명의 색과 만나 섞이고 달라짐을 명심한다. 분포는 배치에 따른 빛의 방향과 범위 그리고 선명도와 질감을 포함한다. 움직임은 빛의 점멸시기와 방법, 주목하는 빛의 움직임과 광원(스폿조명, 무빙라이트 등) 자체의 움직임이 있다. 영상은 내용의 연출 외에 빛과 조명의 관점에서도 연출한다.

조명은 기본적으로 분위기를 조성하는 기능을 지니고 있다. 그렇지만 무엇보다 보여야 하는 것을 보이도록 하는 가시성의 획득이 중요하다. 가시성은 선택과 배제를 바탕으로 한다. 무엇을 보이게 할 것인가, 또렷하게 보이게 할 것인가, 흐리게 보이게 할 것인가, 보이지 않게 할 것인가 등은 바로 연출가의 선택이다. 조명의 방향을 잘 다루면 대상물이나 행사장을 평면적으로 또는 입체적으로 보이게 만들거나 전혀 다른 모양으로 왜곡하거나 과장하는 모델링이 가능하다. 끝으로 조명은 많은 전력을 소모한다. 따라서 충분하고 안정한 전력량을 확보하고 배선 등 안전에 주의한다.

(5) 소리

소리는 이미지와 더불어 메시지를 전달하는 주요한 수단이다. 메시지는 목소리를 통해 표현하거나 배경 음향으로 전달하기도 한다. 이벤트 참가자가 특별한 시공간으로 진입하였음을 느낄 수 있도록 간단한 음악이나 효과음만을 이용해서 충분한 효과를 얻을 수도 있다. 예를 들어 무대음악의 박자와 속도에 따라 즐겁고 활달한 분위기나 차분하고 세련된 분위기 등을 연출할 수 있다.

연출가는 의도한 소리를 통제하고 효과적으로 전달하기 위해 여러 음향 장치를 활용한다. 연설이 중심인 경우, 노래가 중심인 경우, 연주가 중심인 경우, 간단한 배경 음악만 필요한 경우 등 프로그램의 내용에 따라 장치의 활용이 달라짐에 유의한다. 연설과 공연을 혼합하는 경우가 많으므로 장치 사용 방법이 바뀜에도 주의하고 공연자마다 목소리나 연주(악기)의 특성이 달라지기 때문에 사전 조율이 필수적이다.

(6) 냄새, 맛, 질감

향기 마케팅이라는 말이 낯설지 않은 요즘에는 냄새를 통한 연출도 자연스럽다. 잘 알려진 것처럼 빵 굽는 냄새는 식욕을 돋우고, 중고차에 뿌려진 가죽 향기는 새 차의 느낌을 주며 숲속 향은 싱그럽고 신선한 느낌을 준다. 개인들의 특정한 향기에 대한 자극은 그들을 각자의 추억 속으로 이끌어준다. 이벤트연출가는 특별한 기억을 일으키고 활용하기 위하여 참가대상이 지닌 냄새에 대한 집단적 기억이 무엇인지에도 관심을 둔다. 더불어 향기 치료에 대한 지식도 이벤트 연출에 효과적인 도움을 준다.

많은 이벤트에서 음료를 비롯하여 많은 음식을 제공한다. 식음료의 맛 또한 냄새와 마찬가지로 이벤트의 분위기 연출에 많은 도움을 준다. 때론 맛 자체가 그 이벤트의 기억으로 남을 수 있으므로 이벤트의 주제나 메시지를 상징하는 맛과 식음료를 제공하기도 한다. 특히 회의 전이나 휴식 시간에 간식(카나페, 핑거푸드 등)의 제공도 다르게 연출할 수 있다. 활력을 유도하기 위해서는 신선한 맛을 제공하고 편안한 느낌을 유도하기 위해서는 익숙한 맛을 제공한다. 음료로 물만 간단하게 제공하더라도 온도를 조절하거나 탄산수나 레몬수와 같이 다양한 맛을 제공하여 변화를 꾀할 수 있다.

질감을 통한 분위기 연출은 이미지만으로 전달하거나 실제 사물의 촉감을 통해 전달할 수 있다. 메탈(금속) 느낌의 질감은 차고 첨단적 분위기를 연출하며 벨벳 느낌의 질감은 부드럽고 편안한 느낌을 전달한다. 질감은 조명의 변화로도 연출할 수 있다. 그리고 좌석의 촉감과 같이 참가자에게 직접 느낌을 전달하는 질감은 이미지에 대한 기대에 부응할 수 있도록 더욱 세심하게 연출한다. 무엇보다 냄새, 맛, 질감 등은 참가자가 느끼는 행사 장소의 편의와 쾌적성에 직접 연결되어 있다는 것을 명심한다.

(7) 매체, 출연자

이벤트 참가자는 주제의 의미를 전달하기 위해 제작한 다양한 매체와 출연자를 통하여 이벤트의 의미와 정보를 얻는다. 이벤트연출가는 출연자와 오브제, 영상 등 다양한 매체를 활용하여 전달하려는 이야기를 구성한다. 최근에는 네트워크로 연결한 모바일 기기를 활용하여 이벤트 참가자를 능동적인 출연자로 활용할 수 있다. 여러 매체를 활용하여 이미지를 구성하고 서로 역동적으로 연결함으로써 긴장을 유지하고 이벤트 전체의 이야기 (내용)를 완성한다.

이벤트에서 출연자는 참가자들이 이벤트를 통해 만나고 싶어 하는 핵심적인 연출 요소인 경우가 많기에 연출가는 그 선정에 심혈을 기울인다. 때로 축하공연의 출연자를 대중적인 유명인으로 선정하여 효과를 높이려 의도한 것이 오히려 참가자들의 정서나 이벤트의 주제와 동떨어진 결과를 초래할 수 있으므로 주의가 필요하다.

회의이벤트의 경우 초청 연사뿐만 아니라 발표자들이 많고 단순 참석자 중에서도 주요 인사가 참석할 수 있으므로 세부 주제의 순서나 회의실 배치 등 전체적인 연출에 주의가 필요하다. 전시이벤트에서 각 참가 부스의 크기는 어느 정도 통제가 가능하지만, 그 이미지 자체를 연출하거나 통제하기는 어렵다. 따라서 도면을 사전에 제출하도록 하여 검토한다. 특히, 전시주제를 잘 표현하기 위해서는 대규모 참가업체와의 긴밀한 협조가 필요하다. 그리고 전시관의 진입공간을 특별히 연출하거나 별도의 주제관을 설치해서 전체적인 기회 의도와 주제를 표현하는 방법도 있다. 회의와 전시를 동시에 개최하는 경우, 주제의 강조를 위해 주도적인 업체나 참가자에게 특혜를 제공하여 적극인 참여를 유도할 필요가 있다. 때로는 이벤트 프로그램 구성에 주제 관련 주요 업체를 적극적으로 참여시킴으로써 보다 성공적인 이벤트를 연출할 수 있다.

5. 이벤트 연출의 표현기술

1) 연출의 기본 기술

다음은 이벤트 연출에서 활용할 수 있는 기본적인 표현기술로 장면구성, 장면화, 연결, 리듬, 통합에 관하여 소개한다.

(1) 장면구성 Composition

이벤트 연출에서 구성은 전체적인 시나리오의 얼개라는 뜻으로 쓸 수 있다. 그렇지만 여기서는 전체 시나리오를 이루는 각 장면의 구성을 말한다. 따라서 장면구성은 한 장면 안에 배치하는 모든 요소의 시각적 배치를 의미한다. 장면구성의 구체적인 방법은 강조, 균형, 조화가 있다. 중요한 것은 강조하고, 동질적이거나 상반되는 것은 서로 균형을 유지하며, 전체 내용은 조화를 이룸으로써 연출의 메시지를 전달한다.

강조를 적용하는 방법으로 위치, 방향, 형태, 대조, 간격, 반복, 초점 등을 활용한다. 중앙의 위치는 주변보다 강하고 아래보다는 위가 강하며 먼 데보다는 가까운 위치가 강하다. 예를 들어 등장인물이 정면을 향하거나 뒤돌아 서 있으면 옆으로 서 있는 것보다 시각적으로 강한 느낌을 준다. 한편, 옆으로 선 프로필은 약하지만 섬세한 느낌을 준다. 주변의 것들과 차별적인 형태를 제시하여 강조하거나 주변의 것들과 대조되는 형태를 제시하여 강조할 수 있다. 일정한 간격의 배치로부터 차이를 두거나 변화(점증 또는 감소)를 주어 강조할 수 있다. 그리고 강조하려는 대상이 여러 번 반복하여 등장함으로써 강조할 수 있고 적절한 구도를 활용하여 강조대상에 초점이 모이도록 함으로써 강조할 수 있다.

균형은 성질, 크기, 안정, 대칭 등을 통해 이루어진다. 유사한 성질이나 상반된 성질의 것을 제시하여 대비적 안정을 취할 수 있고 이는 크기에도 적용할 수 있다. 예를 들어 큰 건물 등의 오브제가 등장하면 대칭 위치에 유사한 크기의 오브제를 제시하거나 비슷한 크기의 공간을 비움으로써 시각적 균형을 맞출 수 있다. 그리고 삼각 구도와 같이 중력에 순응하는 자연스러운 배치를 통해서 안정적 균형을 꾀할 수 있다.

예를 들어 아래쪽에는 무거운 이미지를 배치하고 위로는 가벼운 이미지를 배치하여 안정을 취할 수 있다. 천칭을 사용하듯 혼란과 편안함의 안정을 통해서도 이루어진다. 예를 들어 전시장의 좁고 복잡한 동선의 혼란은 휴식공간을 통해 회복할 수 있다. 대칭을 통한 균형은 같은 이미지의 좌우 배치를 통해 획득할 수 있다.

조화는 형태, 패턴, 구도를 통해 얻는다. 형태를 통한 조화는 유사한 모양, 성질, 색 등을 활용하여 이루어진다. 복장이 다소 차이가 나더라도 어울리는 색을 활용하여 조화를 이룰 수 있다. 운영요원이 특정 모자나 스카프 등을 착용하되 복장은 색상 코드만 지정하고 자유롭게 선택할 수 있다. 그러면 참가자와 편안하게 어울리면서도 운영요원을 식별할 수 있어 자연스러움과 조화로움을 함께 표현할 수 있다.

인간은 보이는 것, 들리는 소리와 말, 타인의 생각 등을 쉽게 획득하고 이해하기 위하여 대상을 패턴으로 짜 맞추는 경향이 있다. 더욱이 익숙한 패턴을 활용함으로써 좀 더 조화로운 느낌을 전달할 수 있다. 패턴으로 만들기 위해서는 주어진 연출의 재료들을 조정하여 한 덩어리로 결합하거나 짝을 맞추고, 멀리 있는 것을 가깝게 근접시키며, 유사한 것을 반복하거나 연속하도록 하여 연출한다.

구도를 사용하면 미술에서 익힐 수 있는 것처럼 다양한 방법으로 균형감, 안정감, 불안함, 초점, 패턴 등을 쉽게 획득할 수 있도록 도와준다. 몇 가지를 구도를 열거해 보면 대칭, 사선, 삼각형, 역삼각형, 방사선, 원형, 나선 등 다양하게 적용할 수 있다. 예를 들어 소리나 빛으로 불안함을 전달하도록 연출하면서도 강조, 균형, 조화의 구도를 활용하여 참가자가 실제적인 위협을 느끼지 않도록 할 수 있다.

(2) 장면화 Scene

의도하는 주제나 메시지를 전달하기 위해 우리는 글을 쓰거나 말을 함으로써 개념을 구체적으로 전달한다. 그리고 어떤 상황을 이해할 때 그림이 그려진다는 표현을 쓰고 실제로도 생각을 쉽게 전달하기 위해 그림을 그리기도 한다. 이벤트연출가가 장면을 만드는 것은 표현하고자 하는 바를 시각화하고 구체화하는 것을 의미한다. 물론 만들어진 장면은 그림만이 아니라 소리 등 다양한 효과를 첨가하여 풍부하게 연출한다. 또한, 위에서 언급한 구성의 관점을 기반으로 장면을 만든다.

예를 들어 주인공(연사, 가수 등)의 등장을 생각해보자. 가장 단순하게 생각하면 무대로 그냥 나오면 된다. 그렇지만 그 등장이 무대의 오른쪽(객석에서 볼 때)에서 시작할지 왼쪽에서 시작할지 아니면 뒤나 공중, 무대 아래에서 등장할지 결정해야 한다. 그리고 등장 방법으로 걸어서, 뛰어서, 마술처럼, 헬기를 타고 등 속도나 구체적인 방법이 필요하다. 또한, 등장에 주어진 시간을 고려해야 하고 객석에서 그 등장인물이 누구인가를 언제쯤 알게 할 것인가의 결정도 필요하다, 게다가 영상 등의 보조 매체나 특수효과의 사용에 대한 고민도 포함한다.

장면을 만들기 위해 첫 번째로 할 일은 그 장면이 무엇을 표현하려고 하는 것인지 확인하고 제목을 결정하는 것이다. 제목은 거창한 것이거나 특정 주제를 담는 것이 아니라 '오프닝'처럼 기능적인 제목이 유용하다. 다음은 그 제목의 표현 분위기를 결정한다. 예를 들어 오프닝을 '신비롭게', '품위 있게', '첨단과학' 등 표현의 방향을 결정한다. 다음은 한 장면에서 핵심인 강조점을 찾아 장면의 의미(주제)를 드러내는 요소를 정한다. 따라서 오프닝을 신비롭게 연출하기 위하여 신비롭게 드러나야 할 강조 요소로 '로고'나 '등장인물'을 선택할 수 있다. 다음은 분위기 연출을 위해 핵심적인 표현 요소와 방법을 선택한다. 예를 들어 오프닝의 신비로운 로고의 등장을 위해 '안개(fog), 연화, 백라이트 등'을 사용할 수 있다.

다음은 배경의 설정과 함께 오브제, 영상, 등장인물 등의 기술적 배치와 내용적 배치의 결정이다. 기술적 배치라는 것은 장면의 배경 안에 반드시 있어야 할 요소의 배치를 의미한다. 이런 요소는 내용에 맞게 조정을 시도할 수는 있지만 제거할 수는 없는 요소이다. 때론 앞이나 뒤의 다른 장면과 연결하는 데 필요하거나 전체 시나리오와 관련하여 필요할 수도 있다.

내용적 배치는 장면의 의미를 드러내기 위하여 구도에 따라 배치하는 요소를 의미한다. 기술적 요소는 가능한 한 내용적 배치 안에 포함하거나 장면을 방해하는 돌출 정도를 최소로 축소한다. 장면의 실제화는 대소도구를 준비하고 장비를 설치하는 것 그리고 리허설 과정의 반복과 수정을 통해 연출을 완성하는 것이다. 이벤트에서는 리허설을 충분히 반복하기 어려우므로 다양한 관점의 가상적인 시뮬레이션과 경험 많은 전문가의 활용을 통해 어려움을 극복한다.

(3) 연결 Sequence

연결은 장면과 장면의 순차적 연결을 의미한다. 위에서 언급했던 것과 유사하게 기술적 연결과 내용적 연결로 나눌 수 있다. 기본적으로 연결은 스토리의 전개에 따른 내용적 연결을 의미한다. 기술적 연결은 내용적 연결을 가능하도록 지원한다. 간단한 기술적 연결의 예를 들면 다음 장면으로의 전환을 위해 암전을 사용하는 것이 대표적이다. 주인공의 등장 시간 동안 음악이나 여러 효과를 사용하는 예도 있다. 기계나 전자장치를 사용할 때는 작동시간이나 지연시간의 길이와 같은 기술적 한계를 고려한다.

내용적 연결은 기본적으로 이벤트 참가집단의 문화적 관습에 기반하고 그 관습에 대한 도전의 성공에서 독특성을 획득한다. 예를 들어 의전, 의례는 이미 정해진 순서나 문구 등이 정해져 있고 공공행사에서 애국가의 연주는 그 엄숙성을 변형하거나 순서를 변경하기 힘들다. 그러함에도 장면을 강조하기 위해 적용할 수 있는 연출의 쉬운 예로는 유명 가수나 성악가를 초청하여 애국가를 부르거나 의미 있는 어린이 합창단이나 관현악단을 등장시키는 방법을 생각할 수 있다. 다른 연출을 제안하면 애국가를 대규모의 수화로 제창함으로써 웅장한 무용 장면을 연출할 수 있다.

(4) 리듬 Rhythm

한 장면을 구성하거나 다른 장면과 연결할 때 활용하는 것 중의 하나가 리듬(율동감)이다. 리듬은 형태와 박자로 이루어져 있다. 리듬은 시청각적으로 연속하는 인상의 덩어리라고 할 수 있다. 하나의 장면 안에서 분위기를 표현하고 성격을 규정하며 변화와 결합을 드러내는 방법으로 리듬을 활용한다. 리듬은 박자의 변화나 비율의 변화, 압축(비약), 가속화(중복, 분할, 점증, 감소 등)를 통해 나타난다. 장면의 연결에도 리듬을 적용한다. 형태의 강세가 불규칙할 때는 흥분감이나 경박성이 드러나고 규칙적일 때는 정돈되고 부드러운 느낌을 전달한다.

예를 들어 3박자 형태는 유순하거나 부드러운 느낌을 주고 4박자 형태는 규칙성이나 중후함을, 6박자는 긴장이나 장중함의 느낌을 준다. 한편 5박자나 7박자는 불규칙, 경박, 비현실성의 느낌을 준다. 짧은 박자의 반복에서는 흥분, 쾌활, 기쁨, 조급함, 날카로움, 충동성, 스타카토, 추진력 등이 나타난다. 긴 박자의 반복은 무기력, 침착, 무익성, 게으름, 정서적 긴장의 이완과 해방감을 전달한다.

작가나 연출가들이 핵심적인 강조점을 뒷부분에 배치하는 것은 상승의 느낌과 깊은 인상을 전달하는 리듬이다. 짧은 의례에서 앞부분에 강조점이 실리는 것은 명징하고 형식적인 느낌을 전달하는 리듬이다. 각 장면의 리듬과 이벤트 전체의 리듬을 통합적으로 잘 연출하면 참가자에게 전달하고자 하는 주제의 분위기를 풍부한 느낌으로 전달할 수 있다.

(5) 통합 Integration

연결과 리듬에서 이미 살펴본 바와 같이 각 장면은 개별적으로 의미가 있지만, 전체 시나리오에 유기적으로 통합할 때 그 의미가 더욱 분명해지고 장면의 역할이 드러난다. 전체적 통합에서 고려할 첫 번째 사항은 타당성이다. 앞에서 언급한 참가자의 문화적 관습이라는 관점에서 타당성을 확보한다. 다음은 내용상으로나 기술적으로 자연스럽고 매끄럽게 연결한다. 이벤트 개최 현장에서 연출가는 장면과 장면 사이에 무의미한 공백이 생기지 않도록 심혈을 기울이고 혹시 그런 공백이 발생할 때도 자연스럽게 극복하기 위해서 여러 가지 순간적 기지로 대처한다.

통합은 사전 연습과 시뮬레이션을 통해 적확하게 이루어지도록 준비하고 연출 관계자와 진행자에게는 장면의 연결에 대한 상세하고 분명한 세부적 설명을 전달한다. 준비과정에서의 충분한 커뮤니케이션뿐만 아니라 현장에서도 끊김 없는 소통 수단을 확보한다.

스토리를 전체적으로 연결하는 몇 가지 방법을 소개하면 다음과 같다. 먼저 전체적인 장면에서 부분적인 장면으로 전개하거나 그 반대로 전개하는 점증적 방법이 있다. 다음은 시간, 지리, 공간적 순서에 따른 전개 방법이 있다. 예를 들어 퍼레이드는 시간 순서에 따라 진행하지만 각 행렬단위의 주제는 역사적 순서나 지리적 순서에 따라 전개할 수 있다. 다음은 논리적인 전개 방법으로 인과적, 연역적, 귀납적 방법이 있다. 끝으로 문화적 관습에 따른 전개 방법으로 의식이나 축제의 진행순서 등이 그 예이다.

2) 이벤트의 시설과 장치

(1) 행사장과 시설

이벤트의 효과적 연출을 위해서는 시설과 장치의 선택이 중요하다. 먼저 행사장과 시설의 선택에서 고려할 사항은 이벤트의 내용, 시설의 형태 그리고 접근성과 동선이다. 행사장의 시설은 진·출입 시설, 주프로그램 관련 시설과 보조프로그램 관련 시설 그리고 편의시설 등으로 구분할 수 있다.

먼저 행사장과 시설은 이벤트의 목적과 주제 그리고 프로그램의 내용에 따라 선택한다. 행사장은 각 이벤트의 특성에 맞게 전문적인 시설이 갖추어진 전용 행사장과 시설을 설치해야 하는 임시행사장이 있다. 올림픽이나 박람회처럼 전용 행사장을 건립하는 때도 있지만 일반적으로는 전용 행사장이라고 하더라도 맞춤형 시설이 아니기 때문에 효과적 연출에는 한계가 있다. 따라서 이벤트의 개최내용에 맞게 활용하기 위하여 시설의 내용을 잘 살피고 적용 가능한 범위를 파악한다. 그리고 추가나 보강이 필요한 시설과 장치를 확인한다.

행사장의 형태는 기존의 시설을 이용하는 경우가 많으므로 적절한 활용 방법을 찾는다. 형태는 크기, 모양, 기능뿐만 아니라 가변적인 시설인가 고정적인 시설인가도 중요하다. 고정적인 시설이면 행사의 내용을 시설에 맞추어야 하는 경우가 많다. 동선은 참가자 동선과 서비스(운영) 동선의 구분으로부터 시작하고 출연진 동선에 대한 구분도 주의한다. 물리적으로 구분이 어려운 경우는 사용 시간을 구분하여 시차로 활용할 수도 있다. 그리고 진·출입 동선, 프로그램별 접근 동선, 편의시설 접근 동선에 대한 구분과 원활한 흐름과 안전에 대한 고려가 필요하다.

(2) 장치

이벤트의 개최에 활용하는 기본적인 장치에는 음향, 조명, 영상, 효과 등이 있다.

음향 장치는 연설, 공연 등 이벤트의 개최내용을 바탕으로 행사장의 크기와 모양 등에 따라 선택하고 출연자의 요구와 참가자의 참가 형태(규모, 관람 방법 등)에 따라서도 달라진다. 소리는 음압, 음정, 음색 등으로 이루어진다. 연출가의 관점에서는 소음의 제어와 활용 그리고 필요한 소리를 받아들이는 수음과 목적하는 소리를 들려주는 청음이 중요하다. 연출가는 소리의 기본적 특성을 파악하여 활용한다. 이는 소리의 회절, 굴절, 반사, 흡음, 공명, 도플러효과, 간섭 등에 대한 이해를 말한다. 예를 들어 대규모 행사장에서는 시차에 따른 소리 전달의 지연을 어떻게 극복할지에 대한 음향전문가와의 논의가 필요하다.

조명 장치 역시 연설, 공연 등 이벤트의 개최내용을 바탕으로 행사장의 크기와 모양 등에 따라 선택하고 출연자의 요구와 참가자의 참가 형태(규모, 관람 방법 등)에 따라서 달라진다. 조명은 기본조명과 효과조명으로 나누고 조도(강도), 색, 분포(배치), 움직임(변화) 등을 활용하여 연출한다. 그리고 연출가는 감법이나 가법혼색, 보색과 대비 등 조명의 기본적 특성은 물론 자주 사용하는 기기의 특성을 파악한다. 그리고 효과적 연출을 위해 조명 디자이너와 긴밀한 협의가 필요하다. 조명은 고용량의 전기를 사용하기 때문에 안전에 더욱 주의한다.

영상은 설명을 전달하기 위한 편집 영상, 이미지를 표현하고 배경으로 활용하는 효과 영상 그리고 현장의 상황을 전달하는 중계 영상 등으로 구분할 수 있다. 영상은 독립적으로 연출하기도 하지만 다른 출연자나 공연자와 결합하여 활용하는 경우가 많다. 현장의 참가자뿐만 아니라 컴퓨터, 인터넷, 모바일을 활용하여 외부의 참가자와 연결하는 매체로 연출하기도 한다. 연출가는 카메라, 프로젝터, LED, PIGI, 슬라이드, 스위처, 편집기, 멀티콘트롤러 등 영상장비나 장치의 기능과 성능에 대한 기초적인 이해를 바탕으로 연출에 효과적으로 활용한다. 그리고 효과적으로 영상을 활용하여 연출하기 위해서는 프레임, 장면 분할, 구도와 시점, 카메라의 조작법 등 영상 문법이나 촬영 방법에 대한 기초적인 이해도 필요하다.

효과 장치의 연출은 분위기 창출, 강조, 기술적 활용 등이 있다. 간단하게는 조명효과를 높이는 안개(fog) 장치부터 여러 특수효과 장치와 불꽃놀이의 연화 그리고 특별히 고안한 기계장치나 무대 장치도 포함한다. 전시를 위해서도 여러 효과 장치를 사용한다. 예를 들면 아직 구현되지 않은 미래기술에 대한 표현이 필요한 경우 운이 좋아도 프로토타입(시제품)이 있는 정도가 최선이어서 전시내용은 애니메이션이나 자료 영상을 보여주는 것으로 만족해야 할 때가 많다. 이때 기존 기술과 관련 기술에 대한 이해가 충분하다면 연출가는 핵심적인 메시지를 전달하는 가상의 미래장치를 실제처럼 구현하여 체험의 효과를 높일 수 있다. 다른 예로 이벤트 행사장 진입구에 미스트(안개) 터널처럼 몇 가지 효과 장치를 설치하는 것만으로 참가자들을 일상과 단절시키고 새로운 체험의 세계로 초대할 수 있다.

3) 진행대본과 큐시트

진행대본(시나리오)과 큐시트(Cue Sheet)는 이벤트 연출의 효과적인 의사소통 도구다. 진행대본에는 모든 대사와 연출내용을 상세하게 기록하고 큐시트는 연출내용을 한눈에 파악할 수 있도록 도와준다. 그리고 진행과 연출을 돕는 보조도구로 확인 목록(Check List)이 있다. 확인 목록은 이벤트에서 활용할 모든 시설과 장치, 소품 등의 목록과 수량을 빠짐없이 기록하고 담당자와 공급자, 연락처, 공급 시기, 사후처리 방법 등 진행에서 필요한 모든 내용을 기록한다.

진행대본은 장면별로 시간의 진행순서에 따라 작성한다. 시간은 시작 및 종료 시각 그리고 소요 시간을 초 단위로 기록한다. 구체적으로 장면번호, 시간, 장면 제목, 출연자, 위치, 효과, 대본(대사와 움직임, 연출 방법) 등을 기록한다. 때에 따라서는 연극이나 영화의 대본처럼 등장인물의 대사와 동작을 중심으로 작성하기도 한다.

큐시트는 장면별로 시간의 진행순서에 따라 출연자 그리고 장치와 효과가 어떻게 변화하는지 보여주는 표를 말한다. 특히 각 장면이 무엇으로부터(Cue) 시작하는지를 알려준다. 어떤 장면은 음악으로부터, 어떤 장면은 조명으로부터, 또 다른 장면은 출연자의 등장으로부터 시작할 수 있다. 각 장면의 효과는 내부의 특정 움직임으로부터(Cue) 시작점을 제공한다. 예를 들어 사회자의 소개 대사가 끝나면 등장 음악을 시작하고 출연자가 무대로 이동하여 연단 앞에 서면 등장 음악이 끝난다. 물론 이렇게 큐시트에서 약속하더라도 연출가의 지휘가 우선한다. 따라서 현장의 상황을 개선하기 위하여 즉석에서 출연자의 등장 시기와 음악의 시작점과 종료점 그리고 음량 등을 임의로 조정할 수 있다.

Chapter

09

Event planning

이벤트 마케팅

이벤트 마케팅

이벤트는 개최자의 주요한 마케팅 수단으로 주목받고 있다. 특히 생산자와 소비자가 상호작용하는 체험 마케팅의 중심에 이벤트가 있다. 이렇게 마케팅 수단으로서의 이벤트에 대한 인식도 중요하지만, 참가자의 궁극적인 가치를 실현하기 위해 이벤트를 어떻게 마케팅할 것인가도 중요하다. 이 장에서는 후자에 대한 관점에서 마케팅의 기본적인 원리를 바탕으로 이벤트를 어떻게 마케팅할 것인가를 살펴본다.

1. 마케팅의 의미

1) 마케팅 의미와 변화

'마케팅이란 무엇인가?'라는 질문은 가장 흔한 질문 중 하나이지만 쉽게 답하기 어렵다. 답이 어려운 이유는 경쟁적 시장 상황에서 선제적으로 시장을 차지하거나 더욱 큰 시장을 차지하기 위해 지속해서 새로운 마케팅 방법론을 개발하고 적용하기 때문이다. 다시 말하면 적절한 마케팅 방법론을 찾기 위해 골몰하기 때문이다. 여기서는 마케팅 방법론에 대한 소개보다 이벤트기획과정에서 필요한 마케팅의 기본적 개념과 관련 이론을 중심으로 설명한다.

마케팅(marketing)이라는 단어의 의미를 간단하게 풀어서 설명하면 '시장(market-)의 활동(-ing)'이라고 할 수 있다. 여기서 시장은 수요자와 공급자를 의미하고 활동은 교환 활동을 의미한다. 다시 말하면 마케팅은 수요자와 공급자 간의 상품과 서비스 그리고 대가의 교환 활동이라고 할 수 있다. 다만 마케팅의 도입이 공급자의 관점에서 시작한 것이기에 마케팅은 수요자를 확보하기 위한 공급자의 활동이라고도 말할 수 있다.

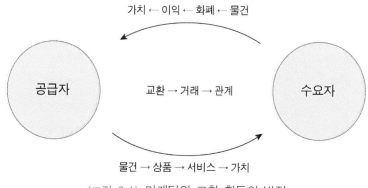

〈그림 9-1〉 마케팅의 교환 활동의 발전

공급자와 수요자의 교환 활동은 자본주의가 발달하면서 교환 활동에서 거래 활동으로 거래 활동에서 관계 형성 활동으로 변천하였다. 교환 활동이 중심인 시장은 물건과 물건의 교환인 물물교환이 중심이고 상대적 가치보다는 물건의 절대적 가치가 더 중요했던 시기에 발달하였다. 거래 활동은 상품의 거래를 의미하고 공급자가 상품을 제공하고 수요자가 상대적 가치인 화폐를 지급하는 것이다. 거래 활동은 상품의 개념이 서비스로 확대하고 화폐의 개념이 이익으로 확장하였다. 최근의 관계 형성의 교환 활동에서는 공급자가 제공하는 것 그리고 수요자가 지급하는 것 모두를 가치로 정의한다. 이제 마케팅은 공급자와 수요자가 서로 동등한 개념에서 가치를 주고받는 교환 활동이자 상호 참여를 통해 지속하는 관계의 형성 활동으로 이해할 수 있다.

판매자 중심에서 구매자 중심으로 변화하는 시장구조의 변천을 시기적으로 살펴보면 〈표 9-1〉과 같다. 기업 간의 경쟁이 심해지면서 소비자의 욕구를 파악하고 충족 방법을 찾는 과정의 변천이다. 시장구조의 변천을 짧게 요약하면 대량마케팅(mass marketing)에서 개인마케팅(personal marketing)으로의 변화라고 할 수 있다. 그리고 그것은 분중화(demassification)의 과정 또는 차별화(differentiation)의 과정이라고 할 수 있다.

〈표 9-1〉 시장구조의 변천[113]

시 기	개념의 변화	마케팅 전략
~ 1930년대	생산지향	대량생산
~ 1950년대	상품지향	품질개선
~ 1960년대	판매지향	판매촉진
~ 1970년대	마케팅지향	고객만족
~ 2000년대	서비스지향	고객가치
2000년대~	체험지향	고객참여

2) 마케팅의 주요 개념

공급자가 수요자와 만나는 시장(market)에서의 활동인 마케팅에서 가장 먼저 주목하는 개념은 욕구(needs), 필요(wants), 수요(demands)다. 욕구는 사람이 무엇인가에 대한 결핍을 느끼는 것에서부터 필요를 획득하려는 추

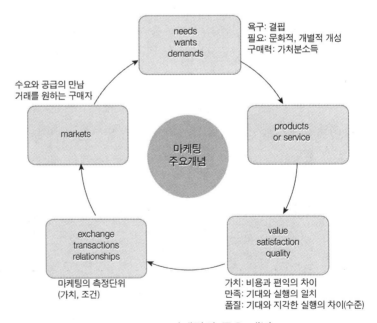

〈그림 9-2〉 마케팅의 주요 개념

동으로 향한다. 필요는 결핍을 해소하려는 각 소비자(참가자)의 방법을 의미하고 문화적, 개별적 특성에 따라 충족 방법이 다르게 나타난다. 예를 들어 어떤 집단은 공동체 화합의 방법으로 토론과 회의를 선택할 수 있고 다른 집단은 놀이와 축제의 방법을 선택하거나 체육대회를 열 수 있다. 구매력을 단순히 설명하면 필요를 해소하기 위해 소비자가 교환가치로 사용할 수 있는 재화의 양이라고 할 수 있다. 경제학적으로는 자유롭게 소비하거나 처분할 수 있는 가처분소득의 수준이 구매력이다.

소비자는 공급자의 상품(products)을 통해 필요를 충족한다. 상품의 의미는 서비스의 개념으로 확장하였고 다음에서 언급할 가치를 의미한다. 여기서는 이벤트를 통해 제공하는 '체험'이 참가자의 욕구와 필요를 채우는 가치이고 서비스이며 상품이다.

소비자는 욕구와 필요를 상품이 제공하는 가치(value)의 획득을 통해 충족한다. 가치는 소비자가 지급한 비용과 획득한 편익과의 차이를 통해 확인한다. 가치에 대한 만족(satisfaction)은 참가자가 기대한 내용과 실행(획득했다고 인식하는 편익)의 일치 여부를 의미하고 품질(quality)은 그 차이의 수준으로 설명할 수 있다.

마케팅의 개념은 교환(exchange)을 바탕으로 한다. 교환의 개념은 가치와 조건을 기준으로 하는 상대적 측정 단위인 거래(transaction)의 개념으로 발전했다. 거래는 다시 공급자와 소비자와의 관계(relationships)의 형성으로 발전하였다. 이것은 단순히 단골을 만들거나 데이터베이스를 구축하는 것에 머무르지 않고 공급자와 수요자가 생산과 소비에 상호 참여하고 함께 교류하는 것을 의미한다.

결론적으로 공급자에게 있어 마케팅의 목적은 고객이 획득하려는 가치를 창조하는 것이라고 할 수 있다. 그리고 공급자와 소비자가 상호 공유하는 긍정적 가치를 창조하기 위해 만들어가는 관계를 마케팅이라고 정의할 수 있다.

2. STP

공급자 관점에서 마케팅은 3가지 단계의 기본적인 활동으로 이루어진다. 첫 단계는 잠재고객을 알아내는 시장세분(segmentation)이고 다음 단계는 가망고객을 정하는 목표고객설정(targeting)이며 마지막 단계는 가망고객을 고객으로 만드는 포지셔닝(positioning)이다. 일반적으로 앞에서 언급한 내용의 영문 머리글자를 가져와서 STP로 표현한다.

〈그림 9-3〉 마케팅 과정(STP)

시장세분화는 세분화의 기준을 설정하고 세분시장의 프로필을 작성하는 2단계로 나누고, 이벤트 개최의 목표고객을 찾는 목표고객설정은 세분시장의 매력도 측정하고 목표고객을 설정하는 2단계로 나누며, 포지셔닝은 표적시장에 적합한 포지셔닝 개발 그리고 포지셔닝을 실현하기 위한 마케팅 믹스 개발의 2단계로 나눌 수 있다.

시장을 세분화하는 기준에는 참가 가능성, 잠재시장의 수요, 지속가능성과 규모, 지리적 세분, 인구통계학적 세분, 심리분석적 세분, 사회경제적 세분, 추구편익별 세분, 이동형태나 접근방법별 세분, 계절별 세분, 유통이나 홍보수단별 세분, 참가횟수나 참가형태 세분 등이 있고 각 이벤트의 특성과 목적의 필요에 따라 세분시장의 프로필을 분석한다.

세분시장의 매력도는 수익의 지속성을 검토하는 과정으로 표적시장(목표고객)의 규모와 성장성, 다른 공급자와의 경쟁상황과 표적시장의 구매력 등 구조적 매력을 검토한다. 이벤트에서 세분시장의 주요한 매력도는 참가 가능성이라고 할 수 있다. 그리고 이벤트의 개최목적과 가용자원 등을 함께 고려하여 평가한다. 세분시장의 매력도를 측정하고 나면 그것을 검토하여 표적시장을 선택하고 접근 전략을 도출한다.

뒤에서 설명하겠지만 표적시장의 선정전략은 크게 부분시장 선택(도달)과 전체시장 선택으로 나눌 수 있고 비차별화 전략, 차별화 전략, 집중화 전략으로 구분한다. 비차별화 전략은 단일 이벤트로 전체시장을 공략하는 것이고, 차별화 전략은 세분시장별로 다른 이벤트로 공략하는 것이며, 집중화 전략은 단일한 또는 소수의 이벤트로 특정 세분시장을 공략하는 것을 말한다.

3. 시장세분화 segmentation

1) 시장세분화의 의미

첫 번째 단계인 시장세분단계는 공급자가 제공하는 가치를 소비할 집단을 찾는 것으로 그들의 특성과 규모 그리고 지속가능성을 파악한다. 이벤트가 제공하는 가치는 체험을 통하여 전달하기 때문에 개최자가 제공하려는 이벤트를 체험할 집단을 찾는 것이라고 할 수 있다. 참가집단은 전통적으로 인구통계적, 사회심리적, 지리적 특성 등으로 구분하는데 그렇게 분류한 각 소비자 집단이 유사한 소비 특성을 나타내기 때문이다. 최근에는 인터넷, 모바일, SNS 등에 기반한 네트워크가 발달하면서 전혀 다른 방법으로 유사한 특성의 집단을 형성한다는 것에도 주목할 필요가 있다. 전통적으로 전혀 다른 집단에 속한 소비자가 인터넷상에서는 단 하나의 이슈만으로 일시적 집단으로 묶이거나 흩어질 수 있다.

시장조사를 통해 참가집단(소비집단)을 탐색하고 특성을 파악할 때는 다음과 같이 질문할 수 있다. 그들은 무엇을 위해 참가(체험)하는가?, 언제 참가하는가?, 얼마나 자주 참가하는가?, 어떤 방법으로 참가하는가?, 어디서 참가 정보를 획득하는가? 등이다.

2) 시장조사

시장조사는 시장에 대한 실증적 조사와 과학적 분석을 의미한다. 사전적 의미로 시장은 재화와 서비스의 거래가 이루어지는 곳으로 정의한다. 경제학적으로는 공급과 수요를 포괄하여 설명한다. 그렇지만 공급자인 기업의 마케팅 측면에서는 수요에 한정하여 생각할 수 있다. 시장에서 수요는 고객을 의미하고 이는 고객집단의 지리적 위치, 고객의 특성, 고객이 선택하는 상품의 특성 등을 모두 포함한다. 따라서 시장조사는 고객의 특성에 따라 나타나는 특정 상품에 대한 시장의 매력도를 과학적으로 분석하는 것이라고 할 수 있다. 다르게 표현하면 시장조사는 마케팅의 기회와 문제를 규명하고, 마케팅 활동과 성과를 평가하는 것으로 넓혀서 의미를 파악할 수 있다.

구체적으로 재화와 서비스를 제공하기 위한 시장조사의 내용에는 참가자, 잠재수요자, 상품, 가격, 광고, 판매, 판로 등의 조사를 포함한다. 참가자의 표본을 추출하여 조사하는 참가자조사와 잠재수요조사가 대표적인 시장조사라고 할 수 있다. 특히 시장의 매력도를 평가하기 위해서는 참가자에 대한 부분뿐만 아니라 경쟁자에 대해서도 조사하고 분석한다. 경쟁자는 직접적 경쟁자와 잠재적 경쟁자로 나누고 경쟁자의 형태, 범주, 추구편익, 예산규모 등을 고려한다.

이벤트기획에서 시행하는 시장조사를 환경분석의 관점에서 살펴볼 수 있다. 내부능력의 분석을 위한 질문은 다음과 같다. 참가자에게 독특한 내용의 차별적 이벤트를 제공하고 있는가?, 다른 이벤트와 비교하여 선호도가 높은가?, 제공하고자 하는 체험내용에 대한 참가자의 태도는 어떠한가?, 참가자는 마케팅 활동의 효과에 대해 어느 정도 이해하고 동의하는가? 등이다. 외부환경에 대해서는 참가자의 수요는 어떠한 변화 성향을 지니고 있는가?, 수요를 결정하는 주요 요인은 무엇이고 어떻게 변화하는가?, 참가자가 이벤트 체험내용에서 더 중요하게 여기는 측면은 무엇인가?, 참가자의 욕구 충족을 위하여 대안이 될 수 있는 다른 이벤트나 상품은 무엇인가?,

경쟁자들은 어떠한 마케팅 활동을 하고 있는가? 등이다.

(1) 시장 매력도

시장의 매력도는 외형적 요인, 구조적 요인, 환경적 요인 그리고 적합성을 살펴봄으로써 확인할 수 있다. 외형적 요인은 다른 말로는 시장세분요인이라고 할 수 있고 시장규모, 시장성장률, 수명주기, 판매주기, 수익성 등을 검토한다. 구조적 요인은 현재의 경쟁자와 잠재적 경쟁자를 살펴보는 것으로 잠재적 시장 진입자의 위협, 참가자 교섭력, 공급자의 교섭력, 현재의 경쟁, 유사 이벤트의 위협, 정부의 역할 등을 검토한다. 환경적 요인은 인구통계적학적 요인, 경제적 요인, 기술적 요인, 법적 요인, 정치적 요인 등을 검토한다. 적합성은 이벤트 개최의 목적과 목표, 자원(개발, 유통, 광고 등)의 분배, 마케팅믹스 등의 적절성을 검토한다.

(2) 시장세분화와 특성

시장조사를 통해 확인하는 시장의 특성은 시장을 세분화하여 살펴보면 그 의미를 명확히 알 수 있다. 시장세분화의 변수는 인구통계학적 변수, 심리분석적 변수, 구매행동변수, 체험상황변수, 추구효익변수 등으로 나눈다. 이러한 시장세분화변수로 살피는 시장의 특성은 전체 시장규모와 구매력이 측정가능한가?, 개별 마케팅을 전개하기 적정한 규모이고 투자 대비 수익성이 있는가?, 마케팅 수단을 통한 접근이 가능한가?, 시행(참가) 가능한 시장인가?, 각 세분시장은 마케팅에 대한 차별적 반응이 나타나는가? 등이다. 참가자 선호도의 분포에서는 동질성이 있는가?, 어떻게 분산되어 있는가?, 밀집도가 높은가? 등이다.

인구통계학적 변수는 나이, 성별, 지역, 가족구성단위, 가족생활주기, 소득, 직업, 학력, 종교 등으로 나누고 심리분석적 변수는 사회계층, 라이프스타일, 개성 등으로 나누며 구매행동변수는 체험기회, 체험여부, 체험정도, 애호도 등으로 나눈다. 체험상황변수는 언제, 어디서, 어떻게 체험하는가를 살펴보는 것이고 추구효익변수는 기능적 효익과 심리적 효익을 살펴보는 것이다. 기능적 효익은 경제성, 편리성 등이고 심리적 효익은 이미지, 만족, 과시 등이다.

〈표 9-2〉 시장세분변수와 시장특성 설명력[14]

구분	측정가능성	수익성	접근가능성	실행가능성	차별적반응
인구통계학	○	○	○	×	×
심리분석	○	×	×	△	△
구매행동	○	△	×	△	○
체험상황	○	△	○	○	○
추구효익	○	×	×	○	○

○: 좋음, △: 보통, ×: 나쁨

4. 목표고객설정 targeting

환경분석 내용에 따라 전략방향을 결정하는 것과 마찬가지로 시장조사 결과에 따라 표적시장을 선정하고 접근전략을 선택한다. 목표고객설정은 크게 부분시장 선택(도달)과 전체시장 선택으로 나눌 수 있다. 부분시장 선택은 단일시장 집중, 선택적 전문화, 이벤트 전문화, 시장 전문화 등으로 나눈다. 전체시장 선택은 다양한 이벤트 내용으로 접근하는 경우와 단일한 이벤트 내용으로 접근하는 경우로 나눈다.

〈그림 9-4〉는 표적시장(M1, M2, M3)에 대해 다양한 이벤트(또는 프로그램)(E1, E2, E3)로 어떻게 전략적으로 접근하는지를 보여준다. 단일시장 집중전략은 개최하고자 하는 이벤트에 대해 가장 매력도가 높은 시장을 선정하여 공략하는 전략이다.

선택적 전문화란 각각의 시장에 적합한 서로 성격이 다른 유형의 이벤트를 개발하여 선택적으로 시장에 접근하는 전략이다. 예를 들어 문화공연의 선호도가 높은 시장, 전시박람회에 대한 선호도가 높은 시장, 스포츠에 대한 선호도가 높은 시장을 대상으로 각각의 이벤트 유형으로 자원을 분산하여 공략하는 경우라고 할 수 있다.

〈그림 9-4〉 표적시장 선정전략

이벤트전문화란 한 유형의 이벤트를 각각의 시장에 맞는 특성화 프로그램으로 변경하고 전문화하여 접근하는 전략이다. 예를 들어 국악이벤트를 진행함에 있어 청소년층, 장년층, 노년층에게 각각 적합한 서로 다른 프로그램으로 접근하는 경우라고 할 수 있고 이는 지역축제 같은 하나의 이벤트 안에서도 목표고객에 따라 자주 적용하는 방법이다.

시장 전문화는 단일시장에 다양한 이벤트 유형을 제공하는 전략이다. 하나의 주제로 다양한 유형의 이벤트를 개최하여 단일시장에 대해 주제 전달력을 최대한 높이려는 목적으로 활용할 수 있는 전략이다.

그리고 전체시장도달에서 다양한 이벤트 내용으로 접근하는 경우는 각 시장에 서로 다른 이벤트 유형을 제공하고 각 시장의 특성에 맞게 프로그램을 제작하여 공급하는 경우로 차별화 전략을 극대화한 경우라고 할 수 있다. 그렇지만 예산은 물론 다른 자원이 투입이 급격하게 늘어나기 때문에 쉽게 구현하기 어렵다. 세계규모의 축제나 세계박람회와 같은 메가이벤트에서 나타나는 전략이다.

끝으로 단일 이벤트 내용으로 접근하는 경우는 시장의 특성보다 제공하는 이벤트가 차별적 독특성이 강하여 경쟁력이 매우 강하고 모든 시장에 대해 매력도가 높을 때 가능한 접근방법이다. 예를 들어 월드컵축구대회는 축구경기 관전이라는 단일한 유형의 이벤트와 프로그램으로 전 세계를 시장으로 단일하게 접근하고 있다.

5. 포지셔닝 positioning

1) 포지셔닝의 의미

시장조사로 목표고객이 있는 표적시장을 선정하고 고객의 특징과 경쟁자를 파악한 다음에 경쟁자보다 우위에 설 수 있는 시장진입의 위치를 설정하는 것이 포지셔닝이다. 다시 말하면 시장포획을 위해 제공가치의 특성을 설정하는 것을 포지셔닝이라고 한다. 여기서 말하는 위치는 다르게 말하면 이벤트 참가자가 다른 이벤트와 차별적으로 인식하는 해당 이벤트의 정보나 체험내용에 대한 인식이다.

이벤트 참가자는 이벤트에 참가하기 위해 접하는 언론매체나 광고, 구전 등의 다양한 경로에서 얻은 정보 그리고 이벤트에 직접 참가함으로써 겪는 체험내용 그리고 사후평가를 통하여 해당 이벤트에 대한 전반적 인식을 형성한다. 따라서 이벤트개최자가 포지셔닝을 통해 이벤트 참가자에게 차별적 인식을 심어주기 위해서는 참가자와 이벤트(정보, 체험 등)가 만나는 모든 접점에서 일관된 메시지를 전달함으로써 인식을 강화한다.

포지셔닝을 하는 방법에는 ① 어떤 프로그램과 서비스를 제공하는가를 알리는 속성에 의한 방법, ② 이벤트에 참가하면 어떤 체험을 하게 되는지를 알리는 체험상황에 의한 방법, ③ 특정한 참가자 집단을 선택하여 접근하는 참가자 선택 방법, ④ 경쟁 이벤트와의 비교에 의한 방법, ⑤ 특정 분야에서의 우월성을 활용하는 범주에 의한 접근, ⑥ 경쟁자가 없는 분야의 이벤트를 새롭게 개척하는 틈새시장 접근방법 등이 있다.

포지셔닝을 위한 단계는 앞에서 잠시 설명하였듯이 이벤트 참가자에 대한 분석과 경쟁자의 확인, 경쟁자의 위치분석, 개최 이벤트의 위치분석과 포지셔닝, 포지셔닝 실행 평가, 재포지셔닝의 순으로 이루어진다. 마지막으로 포지셔닝에서 명심할 것은 이벤트를 통해 참가자와 이해관계자에게 제공하려는 핵심 가치와 미래가치가 무엇인지 정확하게 알고 있어야 한다는 것이다.

2) 마케팅 믹스 marketing mix

마케팅 활동을 위한 전통적인 도구인 4P는 제품(product), 가격(price), 유통(place), 촉진(promotion)을 말한다. 이 도구들을 복합적으로 활용하여 마케팅 목적을 달성하려는 활동이 마케팅 믹스이다.

욕구와 필요를 충족시킴으로써 고객의 가치를 실현하는 이벤트에서 제품은 이벤트 체험이다. 이벤트가 제공하는 상품으로서의 체험은 핵심적인 체험, 일반적인 체험, 기본적 체험으로 구분할 수 있다. 핵심적인 체험은 해당 이벤트만이 제공할 수 있는 독특한 프로그램과 서비스, 상품구성을 의미한다. 일반적 체험은 해당 유형의 이벤트가 제공해야 하는 기본적 서비스와 즐거움이 해당한다. 기본적 체험은 안전과 편의에 해당하는 것으로 접근성, 정보제공, 안전과 건강, 안락함, 쾌적함, 휴식, 식음료 등이다. 예를 들어 식도락에 관련한 이벤트라면 식음료는 기본적인 체험이 아니라 일반적인 체험으로 분류할 수 있고 만약 그 이벤트만의 독특한 요소라면 핵심적인 체험으로 구분할 수 있다.

가격은 이벤트를 체험하기 위해 지급하는 제반 비용을 의미한다. 행사장까지의 거리가 멀면 이벤트 참가비가 무료라고 하더라도 교통비, 숙박비, 식음료비 등 지급할 비용이 많아진다. 가격은 전체적인 관점에서 저가, 중가, 고가 등의 가격정책을 전개할 수 있고 비용의 측면에서 참가의 제약 요소로 작용하지 않도록 조정한다. 그리고 가격정책은 집객의 분산이나 사전

모객을 위한 다양한 수단으로 활용할 수 있다. 예를 들어 프로그램 유형이나 내용, 시기나 시간, 인원수, 나이, 지역민과 방문객, 전문가와 일반인 등으로 나누어 가격을 책정함으로써 차별적으로 접근할 수 있다.

유통은 고객에 대한 상품의 전달을 의미하고 이벤트에서는 고객인 참가자가 쉽게 접근할 수 있도록 하는 편의성을 말한다. 정보, 예약, 교통, 수송, 안내, 동선, 안전, 휴식 등의 편리한 접근이 이에 해당한다.

그리고 촉진은 공급자의 광고, 홍보 및 PR, 판매촉진, 인적 판매 등을 지칭한다. 이벤트에서 참여를 독려하고 우호적 태도를 확산하기 위해 적극적으로 잠재적 참가자와의 접점을 관리한다. 잠재참가자와 만나는 접점의 종류와 시기를 파악하여 전략적으로 메시지를 전달한다. 예를 들어 참가자의 행동을 인지단계, 확신단계, 참가단계의 3단계로 나누면 인지단계에서 효과적인 촉진은 광고와 홍보이고 확신단계에서는 인적판매가 효과적이고 참가단계에서는 판매촉진이 좀 더 효과적이라고 할 수 있다.

그리고 매체별 효과의 차이점도 고려하여 활용한다. 예를 들어 전파매체는 일방적이고 광범위하므로 간단하고 강한 메시지로 잠재고객의 인지도를 높이기 위해 활용한다. 한편, 스스로 찾아보는 인터넷방송은 궁금증을 해소할 수 있도록 가망고객을 주요 대상으로 하여 맞춤형 정보방송을 제공할 수 있다.

인지 – 확신 – 참가 115)
learn - feel - do
Vaughn(1980)가 제안한 모델로 소비자의 선택행동이 인지, 확신, 참가의 단계로 이어진다는 이론이다. 소비자가 합리적으로 판단하고 관여도가 높다는 것을 전제한다. (FCB 모델 참고)

Chapter

10

Event planning

리스크관리와
이벤트 평가

리스크관리와 이벤트 평가

이벤트에서 리스크(risk)라고 말하면 많은 경우 사고와 안전을 떠올린다. 리스크관리는 그러한 위험이나 위협을 피하기 위한 대비라고 간단히 정리할 수도 있다. 그렇지만 리스크관리의 관점에서의 리스크는 피하지 않고 대면함으로써 더욱더 성공적인 이벤트의 기회를 제공하는 경영상의 가이드로 여길 수 있다. risk의 어원에 '위험을 무릅쓴다'라는 뜻이 있음을 상기하면 그 의미가 좀 더 명확하다. '위험을 무릅쓰고 도전할 것인가?'의 선택은 리스크를 얼마나 잘 관리할 수 있는가에 대한 답이라고 할 수 있다. 리스크를 우리말로 위기, 위협, 위험 등으로 해석할 수 있지만, 그 단어들은 긍정적 의미를 찾기 어렵고 위기는 광의적 의미가 강하며 위험은 협의적 의미가 강하므로 여기서는 리스크라는 용어를 그대로 쓰기로 한다.

1. 리스크관리

1) 리스크 개념과 관리과정

리스크는 사전적 의미를 보면 미래에 일어날지도 모르는 불확실한 사건이나 상황이고 이는 부정적 위협(threat)으로 드러나거나 긍정적 기회(opportunity)로 활용할 수 있다. 그리고 리스크의 관리는 리스크를 식별하고 분석함으로써 리스크의 불확실성을 이해하고 긍정적 결과를 얻기 위해 대응 방안을 제공하는 것이다. 주기적인 이벤트도 일회적 프로젝트와 마찬가지로 단기적으로 준비하고 개최하는 경우가 많아 시작에서 종료까지 전 부문에 걸쳐 예기치 못한 위험이 상존한다. 따라서 리스크관리를 통해 이벤트의 불확실성을 줄이기 위한 노력이 필요하다.

리스크 결과에 대한 대응과 회피의 선택을 위해서는 리스크관리가 필요하다. 각 조직원이 리스크관리에서 맡은 책임과 역할을 확인한다. 이벤트의 전체적인 관리과정과의 통합을 위해서도 세심한 리스크관리가 필요하다. 적절한 리스크관리를 통해서 리스크가 초래할 손실을 예방하고 그 영향력에 대응함으로써 이벤트의 성공적 개최에 대한 가능성을 높일 수 있다.

이벤트 개최 시, 불확실한 모든 리스크에 대응할 수 있는 자원을 충분히 확보할 수는 없다. 그리고 리스크에 대한 대응책 수립과 상세분석에도 많은 자원이 필요하다. 따라서 최소한의 정량적 분석으로 리스크의 우선순위를 판단함으로써 가용자원의 투입을 보다 능률적으로 관리할 수 있도록 한다. 〈그림 10-1〉은 리스크관리 과정을 보여준다.

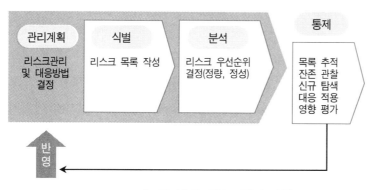

〈그림 10-1〉 리스크관리 과정

2) 리스크의 특징

리스크는 유형(범주)과 발생확률 그리고 영향력으로 정의한다. 리스크에 대한 인식은 가치에 기반을 두기 때문에 같은 리스크라고 하더라도 개인이나 조직 그리고 문화적 가치관에 따라 인식이 달라진다. 예를 들어 우리나라 축구 경기에서는 집단행동의 리스크가 낮지만, 영국 등 유럽에서는 집단행동이 폭동으로 이어질 만큼 리스크가 높다.

리스크는 시간 민감성을 지니기 때문에 그 심각성에 대한 인식이 시간과 시기에 따라 달라진다. 대부분 사고는 발생 초기 몇 분 등 특정 시간을 효과적으로 대응하기 위한 골든타임이라고 부른다. 이 시간에 적절한 대응이 이루어지면 리스크로 인한 부정적 결과를 쉽게 제거하거나 축소할 수 있지만, 그 반대로 대응하지 못하면 감당할 수 없는 나쁜 결과로 이어질 수 있다. 따라서 사안에 적절한 관리시간과 절차를 파악하는 것도 중요하다.

그리고 리스크는 주어진 자연환경, 사회문화적 환경, 경제적 여건 등에 따라 민감하게 영향을 받기 때문에 상황 의존성이 높다. 리스크는 발생 결과에 따른 영향력이 클수록 관리의 중요도가 높아진다. 끝으로 각 리스크는 독립적으로 나타난다기보다 다른 리스크와 연결하여 나타나는 경우가 많기에 상호연관성에 대한 검토가 필요하다.

3) 리스크 발생분야

이벤트의 기획과정에서 리스크는 특정 분야에 국한하지 않는다. 이경모(2004)는 이벤트의 리스크 발생분야를 안전부문, 운영부분, 재정부문으로 구분하고 있다. 안전부문은 화재, 붕괴, 사고 등의 사고와 범죄와 테러의 발생 그리고 식중독 같은 질병의 발생을 예로 제시한다. 운영부문은 실행능력의 부족, 외부 압력, 스폰서와의 갈등 등을 예로 든다. 재정부문은 수입의 감소, 비용의 초과 지출, 자산의 도난이나 분실 등을 그 예로 나열한다.[116]

Silvers *et al.*(2005)는 이벤트 리스크의 관리 분야를 관련 규정의 준수, 의사결정, 비상대응, 위생과 안전, 보험, 법과 윤리, 보안 등의 분야로 제시한다.[117] Silvers(2013)는 〈표 10-1〉과 같은 이벤트 리스크요인을 제시하고 리스크 범위를 다시 정리하여 법과 윤리 준수, 건강과 안전, 손실예방과 보안, 비상계획, 경영리스크, 의사소통, 마케팅, 프로그램 구성, 행사장관리, 참가자관리 등으로 정리한다.[118]

안전부문의 비상계획(emergency)에는 생물학분야(질병, 감염 등), 지질학분야(지진, 쓰나미, 산사태 등), 기상학분야(기온, 화재, 홍수, 폭풍 등), 우발사건(실화, 유해물질, 교통사고 등), 의도사건(방화, 폭탄, 데모, 테러 등), 기술분야(통신두절, 단전, 기기고장 등) 등을 예로 들 수 있다.

〈표 10-1〉 이벤트 리스크요인

구 분	리스크요인
체험내용	- 위험한 활동이나 놀이시설 - 식품 안전과 주류서비스 - 프로그램, 공연자, 참가자
방문객	- 인구통계학, 이력, 갈등 관련 세분 - 군집 크기와 밀도 - 군중행동
커뮤니케이션	- 불충분한 커뮤니케이션 - 지휘 및 통제 부족 - 불충분한 안내 표지
규정 관련	- 허가, 면허, 승인 등 - 비공인, 미승인, 불법 활동 - 정부와의 부적합한 협조
비상계획	- 부적합한 위기관리 계획 - 미흡한 비상 대응 체계 - 불충분한 재난 방재 계획
환경	- 대기 조건과 날씨 의존성 - 지역, 식생, 동물 - 위험지역 근접성
기획과정	- 관리의 경험 부족, 부적합, 무능 - 외적 요인에 대한 무지 - 정책과 절차의 미흡
유형과 목적	- 첫 개최, 일회성, 논란성 이벤트 - 자격과 입장 통제 미흡 - 와전된 촉진 활동
재무	- 부족한 자금과 보험 - 부적절한 조달 경험 - 취약한 현금 관리와 절차
인적 구성	- 불충분한 인력 조달 - 미숙련 조직 - 부적절한 인력 배치
기반시설	- 부적합한 전력, 기술, 시설 - 부적절한 위생 및 폐기물 관리 - 불충분한 교통 및 주차 관리
연출 운영	- 종사자의 건강과 안전 - 설치, 운영, 철거 관리 - 장비, 장식, 특수효과
조직	- 불분명한 권한 - 미승인 리더십 또는 의사결정 - 부족하거나 부적절한 보안조직
행사장	- 처음 사용 또는 임시 장소 - 부적절한 배치와 불충분한 조명 - 가설 구조물과 무대
협력업체	- 전문적 숙련 조합의 요구 - 미흡한 공급계약과 통제 - 품질관리, 규정 준수, 보험
시간	- 부적절한 기획과 의사결정 시간 - 행사의 개막 및 폐막 시간과 기간 - 입퇴장 방식

안전부문에서 이벤트는 군중에 대한 집단적 통제(control)가 아닌 관리(management)가 중요하다. 이벤트는 참가자에게 긍정적 체험을 제공하는 것이기 때문에 강제가 아닌 보조(assistance)와 설득(persuasion)과 저지(deterrence)로 이루어진다.

보조는 참가자에게 필요한 정보를 제공함으로써 참가자 스스로 장소, 방향, 행동요령 등을 선택하도록 유도하는 방법이다. 보조는 색, 모양, 안내판 등의 설치물 그리고 안내원이나 방송 등을 활용한다.

설득은 원하는 방향으로 참가자가 행동하도록 하는 방법이다. '정교화 가능성 모델'에 따르면 관여도가 높을수록 좀 더 자세한 정보의 제공이 필요하고 관여도가 낮은 경우에는 분위기 조성이나 간단한 이미지를 통한 설득이 가능하다.[119] 그리고 공신력 높은 정보를 제공할수록 호의적 태도 변화를 기대할 수 있다.[120]

저지는 군중에 의해 위험한 상황이 발생하거나 계획하지 않은 방향으로 행사가 진행하지 않도록 참가자의 행위를 적극적으로 막는 방법이다. 설득이 통하지 않았을 때 강제하는 것이지만 군중을 자극하여 돌발적 상황이 발생하지 않도록 주의한다. 귀빈(VIP)이나 출연자의 경호 등에서 많은 경우 저지로 발전하기도 한다. 이 경우 일반인과의 동선 분리, 저지선의 설정, 사전 안내, 전문 경호원 배치, 경찰동원 등과 같이 여러 단계의 방법을 이용하여 군중을 자연스럽게 설득하여 움직이도록 한다.

군중의 움직임은 군중체류형, 군중통과형, 행사통과형으로 나눌 수 있다. 고정된 행사장에 군중이 체류하는 것이 군중체류형이고 군중이 움직이면서 관람하거나 참가대상을 바꾸면서 진행하는 것이 군중통과형이다. 끝으로 행사통과형은 퍼레이드와 같이 관람물이나 체험 대상이 군중 사이를 이동하는 행사를 말한다. 군중은 한 장소로 모이는 집객, 움직임(군집유동), 행사장의 구조, 군중 관리 방법에 따라 혼잡사고 등의 리스크 상황으로 이어질 수 있다.

군중 집객이 많아져 고밀도의 군집체류로 이어지고 초고밀도의 군집체류를 넘어서면 혼잡사고로 이어진다. 고밀도 군집체류는 1㎡당 8~9명이 있는 수준이고 초고밀도 군집체류는 10명 이상이 모이는 상황을 말한다. 고밀도 군집체류에서는 군중의 움직임이 서로에게 영향을 주는 군집파동이 발생하고 초고밀도 군집체류로 이어지면 한계밀도 파동이 일어나 개인과 집단의 패닉현상이 나타난다. 그 이상 밀도가 높아지면 군중이 움직임을 감당하기 힘든 군집압력이 발생한다. 1㎡당 13명인 경우 약 300kg의 군집압력이 발생하고 14명이면 약 400kg, 15명에서 약 540kg의 군집압력이 발생하는 것으로 알려져 있다. 이러한 밀도의 변화에 따른 효과는 계절이나 군중이 흥분한 수준에 따라서도 달라진다.[121]

〈표 10-2〉 보행속도와 유동계수

구분	보행속도 (m/sec)		유동계수 (명/m/sec)	
	계단	평지	계단	평지
장애인	0.4	0.8	1.1	1.3
일반인	0.5	1.0	1.3	1.5
숙달자	0.6	1.2	1.4	1.6

장애인, 일반인, 숙달자가 계단과 평지에서 걸을 때의 평균적인 보행속도 그리고 폭 1m의 통로를 1초당 평균적으로 통과할 수 있는 인원수를 의미하는 유동계수는 〈표 10-2〉와 같다. 하나의 예를 제시하면 폭 2m의 평지 통로를 1시간 동안 지날 수 있는 일반인의 수는 10,800명(1.5명 × 2m × 60sec × 60min)으로 계산할 수 있다. 군집밀도, 유동계수, 보행속도를 고려한 계산은 행사장소의 크기와 형태에 따른 집객, 입장 방법, 좁은 통로에 한꺼번에 군중이 몰리는 병목현상의 대비와 해소를 위해 활용할 수 있다.

2. 리스크관리계획

리스크의 적절한 관리를 위해서는 사전 계획수립이 필수적이다. 리스크 관리계획의 핵심은 발생 가능한 리스크를 식별하고 적절하게 대응할 수 있도록 리스크관리의 수단, 조직의 역할, 예산, 일정을 정리하는 것이다.

리스크관리의 첫 번째 수단은 리스크의 범주를 구분하고 리스크를 식별하는 것으로부터 시작한다. 다음은 리스크의 발생확률과 영향력을 확인하여 리스크의 중요도를 결정하는 것이다. 이해관계자에 따라 리스크에 반응하는 민감도가 다르다는 것도 고려한다. 이렇게 검토한 내용을 바탕으로 리스크 대응계획을 수립한다.

1) 리스크 식별

리스크 식별을 위한 리스크 범주의 구분은 WBS(업무분류)와 유사하게 계층구조로 나누어 리스크 분류체계(RBS, Risk Breakdown Structure)를 만드는 것이 좋다. 리스크 식별은 전문가 인터뷰, 확인목록분석, 가정시나리오분석, 도표활용 등이 있다.

〈표 10-3〉 RBS 예시

구분	1수준	2수준	3수준
축제 리스크	1. 기술분야	1.1. 통신두절	1.1.1. 무선인터넷
			1.1.2. 모바일
			1.1.3. 무전
			1.1.4 인터컴
		1.2. 단전	1.2.1. 한전
			1.2.2. 발전기
		1.3. 기기고장	1.3.1. 펌프
			1.3.2. 냉방기
	2. 지질학분야	2.1. 지진	
		2.2. 쓰나미	
		2.3. 산사태	

전문가 인터뷰는 주요 전문가를 대상으로 의견을 취합하거나 브레인스토밍, FGI(초점집단면접, focus group interview)와 같은 방법을 활용하여 리

스크를 식별하는 것을 말한다. 확인목록분석은 기존의 목록을 활용하거나 전문가가 임의로 목록을 작성하여 확인한다. 가정시나리오분석은 예상할 수 있는 상황을 설정하고 그 상황에서 발생할 수 있는 리스크를 탐색한다. 도표활용은 사건의 흐름도 또는 원인과 결과를 연결해서 그리는 도표를 활용하여 리스크를 탐색한다. 리스크를 식별하고 목록으로 작성한다. 목록에는 리스크 명칭, 관리방침, 담당자와 역할, 주요 원인 등을 기록한다.

2) 리스크 분석

식별한 리스크를 분석하여 발생확률과 영향력을 확인하고 우선순위를 정하고 나면 예산과 자원을 그리고 조직 등을 적절히 분배하여 리스크 대응계획을 수립할 수 있다. 리스크 분석은 정성적, 정량적 분석으로 이루어진다.

정성적 분석은 임의의 척도를 정하여 각각의 리스트를 평가한다. 척도는 예를 들어 발생가능성이 낮다, 높다의 2점 척도로 정할 수도 있고 5단계의 5점 척도로 분석할 수도 있다. 이렇게 평가한 발생가능성과 영향력을 단순히 곱한 점수로 리스크의 중요도를 구하고 우선순위를 정한다. 때로는 조직이나 이벤트의 특성에 따라 가중치를 포함한 중요도로 리스크의 우선순위를 정할 수 있다.

〈표 10-4〉는 발생가능성과 영향력을 이용하여 중요도를 산출한 예를 표시하고 있다. 이 표의 중요도를 살펴보면 발생가능성보다 영향력에 좀 더 높은 점수를 부여하고 있음을 알 수 있다. 식별한 리스크는 표에서 발생가능성과 영향력에 따라 중요도 점수를 찾아 부여하고 그 점수에 따라 우선순위를 정한다.

〈표 10-4〉 리스크 중요도 예시

발생 가능성						
매우 높음	4	6	12	14	20	
높음	3	5	10	12	18	
보통	2	4	7	10	16	
낮음	1	3	5	8	14	
매우 낮음	1	2	4	6	12	
구분	매우 낮음	낮음	보통	높음	매우 높음	영향력

예를 들어 〈표 10-3〉에서 식별한 리스크인 1.1.1. 무선인터넷 통신두절의 발생 가능성은 검토 결과 매우 높음이고 영향력은 낮음이라고 나타났다면 〈표 10-4〉에서 중요도는 6으로 정할 수 있다. 그리고 다른 리스크인 1.1.1.4. 인터컴 통신두절은 검토 결과 발생 가능성은 낮음이고 영향력은 매우 높음 이라고 나타났다면 중요도는 14로 나타난다. 결국, 인터컴의 중요도가 상당히 높아 우선순위가 높게 나타난다. 중요도 8 미만은 저위험, 8에서 16 미만은 중위험, 16 이상은 고위험으로 묶고 각 리스크에 범주색을 부여함으로써 식별수준을 구별하면 가시성을 높일 수 있다. 그리고 리스크의 정성적 분석에서 중요도를 확인하고 우선순위를 결정하였더라도 긴급성이 높은 리스크는 우선 대응할 수 있도록 순위 조정이 필요하다. 따라서 리스크 분석에는 시기와 대응기간에 대한 고려가 필요하다.

정량적 분석은 발생한 리스크의 영향력에 주목하여 소요예산 등 그 실제 크기가 어느 정도인지를 추정함으로써 리스크에 대한 대응력을 높인다. 정량적 분석은 정성적 분석을 바탕으로 관련 자료를 취합하고 계량화하여 일

정한 수치로 표현하거나 확률적 분포로 변환하여 표시할 수 있다. 다른 정
량적 분석으로는 민감도 분석, 기댓값 산출, 모델링과 시뮬레이션 등이 있다.

민감도 분석은 어떤 사안에 관련한 여러 변수가 결과 발생에 미치는 영
향의 정도를 비교한다. 영향력을 알고자 하는 변수 외에 다른 변수는 고정
값으로 통제하고 해당 변수의 단위당 변동에 따른 결과를 산출하여 비교한
다. 예를 들어 재정적 측면에서는 각 변수의 변화에 따라 투자의 순현재가
치(NPV)나 수익률(IRR)의 변동을 확인함으로써 민감도(투자위험의 변동 정도)
를 파악한다.

기댓값 산출(EMV: Expected Monetary Value)은 리스크의 발생확률에 대
한 기댓값을 계산하여 영향력의 크기를 가늠한다. 가정시나리오분석이나
전문가 인터뷰 등의 리스크 식별을 통해 리스크가 발생할 때의 대응 비용
과 발생확률을 산출하였다면 각 리스크의 기댓값을 다음의 식과 같이 산
출할 수 있다.

- 기댓값 = 발생확률 × 영향력(대응 비용)

기댓값을 활용하면 리스크 대응에 대한 대안의 선택에도 유용하다. 가령
1인당 평균 등록비가 10만원인 이벤트에서 100명을 수용하는 행사장소(venue)
를 선택하는 대안 A는 800만원의 지출을 예상한다. 그리고 경험은 없지만
150명을 수용하는 행사장소 대안 B를 선택하면 1,000만원의 지출을 예상한
다고 하였을 때 어떤 대안을 선택하는 것이 좋을지 추정해볼 수 있다. 산술
적으로 생각하면 대안 A는 1,000만원, 대안 B는 1,500만원의 수입을 예상할
수 있기에 대안 A는 200만원, 대안 B는 500만원의 수익이 발생한다. 따라서
대안 B를 선택하는 것이 유리하다. 그런데 여기서 발생확률을 고려하면 선
택할 대안을 조금 더 분명하게 정리할 수 있다. 기존의 경험상 대안 A가
발생할 확률이 100%이고 전문가의 의견에 따르면 대안 B가 발생할 확률은

40%라고 가정하고 기댓값을 계산하면 다음과 같다.

- 대안 A 기댓값 = 100% × 200만원 = 200만원
- 대안 B 기댓값 = 40% × 500만원 = 200만원

계산 결과 대안 A와 대안 B의 기댓값이 같은 것을 확인할 수 있다. 따라서 무엇을 선택해도 상관없겠지만 여기서는 긍정적 리스크의 기회를 고려하여 대안 B를 선택함으로써 보다 도전적으로 기획을 진행할 수 있다. 최악의 상황에서 대안 B가 실패해도 경험상 100명은 확보하였으므로 대안 B의 선택에 따른 비용 200만원은 수익에서 충당하여 손실이 발생하지는 않을 것이다. 다르게 말하면 대안 B로 40% 이상 확률의 집객에 대한 확신이 있다면 대안 B를 선택하는 것이 바람직하다. 이때 발생확률은 조직이 수행할 수 있는 업무능력의 한계치도 함께 고려한다.

3) 리스크 대응계획

리스크 대응계획은 리스크를 제거하는 것이라기보다 발생확률을 줄이거나 영향력을 축소하는 것이라고 할 수 있다. 대부분의 리스크는 제거하기 어렵고 제거하기 위해서는 막대한 자원의 투여가 필요하다. 따라서 이벤트의 개최상황에서 감당할 수 있는 수준 이하로 위협을 줄이는 방안을 찾는 것이 주요 목표라고 할 수 있다.

리스크 대응계획은 긍정적 리스크인 기회(opportunities)에 대한 대응계획과 부정적 리스크인 위협(threats)에 대한 대응계획으로 나눈다. 그리고 대응계획은 〈표 10-5〉와 같이 발생 전에 이루어지는 다양한 사전대응전략과 발생 후에 이루어지는 비상대응전략으로 구분한다. 대응계획은 이벤트의 상황과 리스크의 위험 수준 그리고 비용 대비 효과 등을 고려하여 수립한다. 대응계획은 담당자, 대응 시점, 확인 방법, 대응 방법 등을 구체적으로 제시한다.

〈표 10-5〉 리스크 대응계획(예방 전략)

대응전략		내용
부정적 리스크	회피	계획을 변경하여 불확실한 상황을 없애거나 영향력을 없애는 것
	이전	제삼자에게 영향력 전부나 일부의 관리 책임을 넘기는 것
	완화	발생가능성을 줄이거나 영향력을 수용 가능한 수준으로 낮추는 것
	수용	발생할 리스크를 계획변경 없이 그대로 받아들이는 것
긍정적 리스크	도전	기회의 획득을 위해 불확실성을 제거하고자 하는 것
	공유	기회를 획득하기 위하여 제삼자와 이익과 책임을 공유하는 것
	향상	기회의 발생 가능성 또는 영향력을 증가시키는 것
	수용	계획변경 없이 기회를 그대로 받아들여 활용하는 것

부정적 리스크 대응계획에서 회피는 계획을 변경하여 불확실한 상황을 없애거나 영향력을 없애는 것이다. 이벤트의 목표와 리스크를 분리하기 위해서 전략을 변경하거나 범위를 축소한다. 달성하기 힘든 목표는 변경하여 리스크를 회피한다. 여기서 회피는 리스크 발생 전에 대응하여 기획과정의 내용을 변경함으로써 리스크를 제거하거나 발생 후 영향력이 미치지 않도록 하는 것이다, 예를 들어 특정 시점까지 목표로 했던 사전등록자를 확보하지 못한 경우에 식음료수나, 개최장소를 축소하도록 변경하거나 예산을 추가 투입하여 더욱 공격적으로 마케팅을 전개함으로써 집객 리스크에 대한 위협을 최소화한다.

부정적 리스크 대응계획에서 이전은 제삼자에게 영향력 전부나 일부의 관리 책임을 넘기는 것이다. 이전을 통해서는 리스크를 사라지게 하거나 축소하는 것이 아니라 그 영향력을 관리하는 것이다. 이전으로 많이 사용하는 방법은 외주계약, 보험, 성과계약, 보증 등이 있다. 위의 예에서 집객 목표를 달성하기 위해 전문업체와 계약하여 등록자 수 확보에 대한 보증을 받고 만약 미달하는 경우 발생하는 비용 등의 책임을 해당 외주업체에 이전할 수 있다.

부정적 리스크 대응계획에서 완화는 리스크의 발생가능성을 줄이거나 영향력을 수용 가능한 수준으로 낮추는 것을 의미하고 완화가 이루어지더라도 수용해야 할 잔존 리스크가 남는다. 이벤트에서 대표적인 완화 방법은 사전 리허설이다. 리허설을 통해 행사개최 시 발생할 수 있는 새로운 리스크를 발견할 수도 있고 위협의 영향력도 축소할 수도 있다. 경험 많은 협력업체의 선정, 모형의 제작, 시뮬레이션, 절차나 통신의 간소화 등도 리스크 완화 방법이다.

부정적 리스크 대응계획에서 수용은 사전 대응이 불가능한 경우나 발생할 리스크를 계획변경 없이 그대로 받아들이기로 하는 경우를 말한다. 이 경우 식별한 리스크를 발생 전에는 대응하지 않는 경우를 의미한다. 그리고 완화와 연동하여 잔존 리스크에 대해 수용하는 것도 포함한다. 기상청에서 5mm 이하로 강수를 예보하면 계획대로 행사를 진행하는 것은 수용이라고 할 수 있다. 같은 상황에서 우비를 지급하거나 천막을 치는 것은 완화에 해당하고 장소를 변경하여 실외 행사를 실내로 옮기는 것은 기획의 전략이 바뀌므로 회피에 해당한다. 이때 우천으로 발생하는 피해를 줄이기 위해 보험에 가입한다면 이는 이전에 해당한다.

수용은 수동적으로 사전에 무대응 하다가 발생 후 상황에 따라 대응할 수 있지만, 발생 후의 계획을 능동적으로 미리 수립하기도 한다. 예비비 확보나 비상대피동선 등의 비상계획이 능동적인 수용이라고 할 수 있다. 화재나 사고의 발생 등에 대비한 소방차, 응급차의 배치는 리스크 발생 후를 대비하는 것이므로 리스크를 수용하는 것이다.

긍정적 리스크 대응계획에서 도전은 기회의 획득을 위해 불확실성을 제거하고자 한다. 가령 이벤트에 대한 매스컴의 긍정적 관심은 집객을 위한 유리한 기회로 작용할 수 있다. 이러한 관심을 실제적 참가로 전환하기 위한 마케팅 노력은 도전에 해당한다. 좀 더 구체적으로는 매스컴의 관심에 따라 잠재적인 참가자의 수가 늘었다고 해도 그들이 이벤트에 실제로 참가한다는 것은 불확실하다. 따라서 참가비, 교통, 시기 등 그들의 참가에 대한 제약요소를 찾아 제거한다면 불확실성이 줄어들 수 있을 것이다. 기회를 포착하기 위한 도전이 마케팅 비용의 상승으로 이어져 결과적으로 부정적 리스크로 바뀔 위험이 있다는 것도 잊지 않는다.

긍정적 리스크 대응계획에서 공유는 기회를 획득하기 위하여 제삼자와 이익과 책임을 공유하는 것이다. 공유는 협력과 제휴를 통해서 달성한다. 동종, 이종 또는 전문분야별 협력 등 시장의 크기를 키우고 집객의 흡인력을 높이는 방법을 활용한다. 한 지자체에서 유사한 행사를 묶어서 하나의 축제로 개최한다든지 축제의 성격은 다르지만, 가까운 지역의 축제를 같은 시기에 공동마케팅으로 개최하는 예를 생각할 수 있다. 시너지를 기대할 수 있는 협회나 학회 등이 서로 결합하여 회의를 개최할 수 있다. 목표고객이 같은 전시회를 함께 개최하여 이벤트의 규모를 확대하고 상호교류를 통한 발전을 도모할 수 있다.

긍정적 리스크 대응계획에서 향상은 기회의 발생가능성 또는 영향력을 증가시키는 것이다. 발생가능성을 높인다는 것은 기회가 발생하는 원인이 무엇인가를 찾아서 강화하고 획득할 영향력이 커질 수 있도록 노력하는 것을 의미한다. 앞의 예에서 매스컴의 긍정적 관심이라는 기회를 강화하기 위하여 그 원인이 되는 핵심역량을 찾아 강화하고 매스컴과의 관계를 개선할 수 있다. 그리고 매스컴의 호감을 마케팅에 적극적으로 활용하기 위해 추가의 자원이나 비용을 투여함으로써 기회의 영향력을 확대할 수 있다.

그리고 긍정적 리스크 대응계획에서 수용은 계획변경이나 추가 자원을 투입하지 않고 주어진 기회를 그대로 받아들여 활용하는 것을 의미한다.

4) 리스크 대응의 구분

리스크 대응은 식별한 리스크에 대한 관리를 의미한다. 그중 사전대응계획(response plan)은 식별한 리스크가 발생하기 전에 대처하기 위한 세부적 절차를 계획하는 것이다. 대응계획으로 간략히 지칭할 수 있다. 이는 리스크의 발생 시기, 주어진 상황 등을 고려하여 촉발지표(trigger)의 확인 등 준비한 절차에 따라 회피, 완화 등의 계획한 대응전략을 수행하거나 변경한다.

비상대응계획(contingency plan)은 리스크가 발생하면 어떻게 대처할 것인가를 계획하는 것으로 사전대응계획은 해당 사업비의 운영예산에 포함하여 집행하지만, 비상대응의 예산은 예비비에 포함하여 집행한다. 예를 들어 보험료는 운영예산에 포함하지만, 우천에 따른 우비의 구매비용은 예비비에 포함하여 일기예보 등의 촉발지표를 확인하고 사전에 준비한 절차에 따라 집행한다.

복구계획(fallback plan)은 리스크 발생 시 비상대응에 따라 추가적인 문제 없이 이벤트를 종료하였다면 상관없지만, 비상대응 후 마무리 또는 원상회복이 필요한 경우 복구계획을 수립하여 시행한다. 이때 투입할 예산이나 자원은 해당 사업비와는 별도의 절차로 수립한다.

앞의 내용은 모두 식별한 리스크를 대상으로 한 것이었지만 이벤트의 준비와 개최에서는 사전에 식별하지 못한 리스크가 발생할 수 있다. 이러한 리스크에 대한 대응을 즉각대응(workaround)이라고 한다. 즉각대응에 대한 예산은 해당 사업비에서 책정한 예비비가 아닌 주최자 또는 대행사가 보유한 관리준비금에서 지출한다. 이러한 리스크의 경우 처리 규모가 방대하여 감당하기 어려운 경우가 많고 책임소재도 불분명하여 법정 다툼으로 비화하기 쉽다. 따라서 주최자, 대행사, 협력사 등 이해관계자 간에 맺는 계약서나 과업지시서 등에 예상하지 못한 미식별 리스크(천재지변 등)에 대한 처리방법과 책임소재를 명기할 필요가 있다.

3. 리스크 감시통제

리스크 대응계획의 전략에 따라 리스크관리를 제대로 수행하는지 확인하고 평가하는 과정이 리스크의 감시와 통제이다. 앞에서도 언급했듯이 리스크는 시간과 상황에 따라 변화하기 때문에 식별한 리스크의 변화를 지속해서 추적하고 감시한다. 그리고 수립한 대응계획의 실행과 관리 절차가 적절하고 유효한지도 평가한다. 그리고 리스크 대응에 따른 잔존 리스크도 확인하고 새롭게 대두하는 리스크를 식별하기 위한 노력도 중요하다.

(1) 리스크 평가

식별한 리스크에 대한 지속적인 감시에는 발생가능성, 영향력, 촉발지표 등 여러 속성의 변화에 대한 감시를 포함한다. 감시는 정기적, 부정기적인 리스크 평가로 한다.

(2) 리스크 감사

리스크 감사는 대응계획에서 수립한 전략이 유효하게 이루어지는지를 검증한다. 감사는 대응계획, 관리계획, 관리절차뿐만 아니라 예비비 분석을 통해 예비비 배정과 사용의 적절성에 대한 감사도 진행한다. 평가는 차이분석, 경향분석, 경과분석, 예측분석 등으로 성과를 분석한다.

관리자는 먼저 리스크 확인목록에 따라 리스크 대응전략의 진행내용을 감독한다. 그리고 촉발지표를 기준으로 리스크가 발생하는지를 지속적으로 추적하고 감시한다. 리스크가 발생하면 즉시 비상대응계획을 적용하여 실행하고 비상대응이 효과적으로 이루어졌는지를 평가하며 추가조치의 필요성을 확인하여 대응방안을 마련한다. 지속적으로 추적하고 감독한 리스크관리 결과를 사후자산으로 축적한다.

4. 이벤트 평가

1) 이벤트 평가의 개요

이벤트 평가(event evaluation)는 일반적으로 이벤트 개최의 성과를 확인하고 활용하기 위하여 시행하는 것으로 생각한다. 이벤트에 대한 만족도 평가와 경제적 파급효과 분석은 그러한 관점에 부합한다. 그렇지만 이벤트 평가는 그러한 목적 외에도 이벤트를 구상하는 단계부터 개최 후까지 이벤트 제작과정 전체를 통해 다양한 목적으로 시행한다.

그 평가의 목적에 따라 그 시기, 범위, 방법 등이 달라진다. 이벤트를 구상하는 단계의 사전평가는 개최 후 파급효과의 예측과 개최 여건분석 등을 포함하여 개최의 타당성을 검토하고 개최목적의 방향을 결정하기 위해 평가한다.

또한, 이벤트의 준비과정에서는 감시통제를 중심으로 평가를 진행한다. 이벤트 개최목적을 달성하기 위해 여러 목표를 적절하게 달성하고 있는지를 일정에 맞추어 평가한다. 준비과정의 평가는 달성목표의 양적 성과에 치우쳐 내부 조직의 관리 등의 질적 수준의 목표를 간과하지 않도록 주의한다. 특히 일회적 특성의 이벤트는 조직원의 희생을 기반으로 실행하고 해산하는 경우가 많다. 그러한 형태의 이벤트 관리는 기업윤리에 어긋난다. 또한 그것으로 인해 종사자에게 쌓인 불만이나 피로가 참가자에게 그대로 전달됨으로써 이벤트 운영의 핵심적인 실패 원인이 될 수 있다.

이벤트 개최 결과의 평가는 이벤트의 성과와 파급효과를 조사 분석한다. 문화관광축제 선정 평가와 같이 행정적, 재정적 지원을 위해 평가를 하기도 한다. 이러한 공적인 평가는 개최자에게 대외적 명예를 부여한다. 성과의 측정은 집객수, 만족도, 수익 등을 중심으로 한다. 일반적으로 파급효과는 경제적 효과를 중심으로 시행한다. 그렇지만 이벤트는 사회문화적 목적의 달성을 추구하는 예도 많으므로 사회문화적, 환경적 파급효과에 대해서도 주의를 기울일 필요가 있다. 나아가 중장기적 관점에서의 접근도 필요하다. 더불어 개최 결과의 평가는 이벤트 내용의 개선에 활용하고 해당 이벤트의 계속적 개최나 신규 이벤트의 유치를 위한 판단 근거로도 활용할 수 있다.

2) 평가의 구분과 목적

이벤트 평가는 그 목적에 따라 요구환경분석, 자원관리분석으로 구분할 수 있다. 요구환경분석은 이벤트의 기획자나 관리자가 주어진 환경을 바탕으로 장단기적인 변화를 예측하고 다양한 이해관계자의 욕구를 파악하여 대응하기 위한 목적으로 시행한다. 그리고 자원관리분석은 자원을 기반으로 성공적 이벤트 운영을 위해 최적의 결과를 찾기 위한 목적으로 시행한다.

(1) 요구환경분석

이벤트를 개최하기 전에 실시하는 요구환경분석은 개최 타당성평가(feasibility study)가 대표적이다. 사업에 대한 타당성 평가는 기술요인, 시장요인, 재무요인, 리스크요인 등의 분야를 검토한다. 기술요인은 조직과 업무수행 능력, 개최장소와 시설에 대한 투자비용, 개최를 위해 필요한 예산(원가) 등을 검토한다.

시장요인은 관련 산업, 목표고객, 이해관계자 그리고 경쟁자 등에 대해 분석을 한다. 관련 산업분석을 통해서는 개최 성공을 위한 핵심역량이 무엇인지를 탐색한다. 목표고객과 이해관계자 분석에서는 목표대상의 욕구, 참가형태, 지속적 성장 가능성 등을 검토한다. 경쟁자 분석에서는 유사한 이벤트와 대체재 등의 구성내용과 시기에 따른 경쟁 관계 등을 확인한다.

재무요인은 비용편익의 관점에서 사업의 성공 가능성을 검토한다. 이벤트는 직접적인 재무적 수익의 창출보다 사회적 편익, 마케팅효과 등 비재무적 편익에 관심을 두는 경우가 많다. 따라서 재무적으로는 손익분기점보다 낮은 수치의 분석결과가 나와도 사회적 편익 등 다른 목적이나 이유로 이벤트의 개최를 결정할 수 있다.

그리고 올림픽과 같은 메가이벤트, 또는 지역을 대표하는 메이저급의 이벤트에서는 이벤트 개최에 따른 여러 가지 광의적 파급효과를 사전에 분석하고 예측함으로써 개최 여부를 판단하기도 한다. 파급효과는 경제적, 사회문화적, 환경적 파급효과로 나눌 수 있다. 그러한 대규모 이벤트의 개최를 위해서는 지역에 대한 환경영향평가도 사전에 필수적으로 시행한다.

(2) 자원관리분석

이벤트의 준비와 개최과정에서 행하는 자원관리분석은 이벤트의 개최목적에 따라 준비과정이나 내용이 목표를 잘 달성하고 있는지를 확인한다. 그리고 평가를 통해 개선점이나 변경사항 등을 찾는다.

개최 후에 진행하는 자원관리분석은 개최 결과를 확인하고 목적과 목표를 최종적으로 달성하였는지를 검토한다. 그리고 차기 이벤트나 다른 이벤트에 대한 시사점을 찾는다. 자원관리분석을 적절히 시행하기 위해서는 이벤트기획과정의 각 활동과 점검 부분에 대한 지표를 개발하고 시기별로 적정한 달성목표의 기준을 제시한다. 이러한 평가 중 하나는 예산의 확보나 지출, 방문객의 수나 예매율과 같은 정량적인 지표에 따라 시행한다. 다른 하나는 서비스 품질, 조직 내 만족도 등과 같은 정성적인 내용을 정량 지표로 대체 설정하여 평가한다.

5. 이벤트 평가의 절차

이벤트 평가의 절차는 〈그림 10-2〉와 같이 평가계획(자료정의), 자료수집, 자료분석, 결과보고, 확산적용의 순서로 이루어진다.[122]

〈그림 10-2〉 평가의 절차

(1) 평가계획

평가를 계획하는 절차는 먼저 이벤트의 목적을 기반으로 조직, 일정, 예산을 검토함으로써 준비한다. 평가계획에서 가장 주요한 부분은 평가의 목적을 명확히 하고 수집할 자료의 목록과 방법을 정리하는 것이다. 또 다른 고려사항은 개최자, 후원자, 미디어 등 주요 이해관계자의 요구를 반영하는 것이다.

(2) 자료수집

두 번째 절차는 계획에 따라 자료를 수집하는 절차다. 수집하는 자료는 다음과 같은 것이 있다.

- 재무자료: 수입지출, 환율 등
- 집객자료: 유무료 참가자의 인구통계학적 사항, 참가형태 등
- 진행자료: 공연이나 프로그램의 계약이행, 실행 내용 등
- 판매 및 마케팅자료: 기념품이나 홍보물 등
- 안전관리 자료: 목록별, 시간별 확인 내용 등
- 광고 및 보도자료: 집행내용, 미디어 노출량 등
- 운영관찰 자료: 운영요원, 협력업체, 이해관계자, 참가자 등

자료를 수집하는 방법에는 담당자 보고회의, 초점면접, 설문, 2차 자료수집 등이 있다. 〈표 10-6〉은 평가항목에 따른 조사 방법의 예시를 보여준다.

(3) 자료분석

수집한 자료는 목표치 또는 유사사례와 비교하고 체계적인 분석 방법을 사용하여 시사점을 도출한다. 많이 쓰이는 통계분석은 빈도분석, 평균비교분석(t-test, ANOVA 등), 요인분석, 신뢰도분석 등이고 집객수, 지출비용, 파급효과 등의 산출을 위해 경제학적 공식을 활용하거나 추세나 인과관계를 확인하기 위하여 회귀분석을 사용하기도 한다. 분석도구로는 엑셀, SPSS, SAS 등 통계분석 소프트웨어를 활용한다.

〈표 10-6〉 평가항목과 조사방법[23]

평가항목		내용	조사항목	조사방법
미시	참가자수	- 총참가자 - 프로그램별	- 총고객수 - 총집객수 - 회전율 - 최대 집객수와 시기	- 입장권 판매 - 출입구 조사 - 방문차량수 - 집객추정 - 시장조사
	참가자 특성	- 각 참가자 특성	- 연령, 성별, 직업, 교육, 소득	- 설문조사 - 시장조사 - 관찰
		- 동반유형	- 가족, 친구, 혼자, 단체 - 동반자수	
	참가 방법	- 거주지	- 국가, 지역, 도시 등	- 설문조사 - 관찰
		- 참가형태	- 주목적, 겸목적, 우연히 - 숙박, 당일	
		- 이동형태	- 교통수단 - 소요시간	
	마케팅	- 정보원천	- 언론 - 인터넷 탐색, SNS - 구전	- 설문조사 - 제안함
		- 참가이유	- 지역방문 - 이벤트참가, 이벤트 매력 - 방문 횟수	
		- 추구편익	- 체험, 활동, 서비스, 상품	
		- 만족	- 요소별 만족 - 제안 - 재방문 의사	
	참가 활동	- 이벤트 내	- 프로그램 참석	- 설문조사 - 회전율 - 입장권 판매 - 관찰 - 사업체 조사 - 재무기록
		- 이벤트 주변	- 지역활동 및 주변 관광	
		- 소비지출	- 숙박, 식음료, 오락, 기념품, 쇼핑, 관광 등	
거시	경제적 파급효과	- 직접효과	- 행사장 및 개최지 전체 소비지출 - 세수변화	- 설문조사 - 집객수 - 고용조사 - 세무자료
		- 간접효과	- 2차 경제 유발효과 - 수익 및 부가가치	- 수입승수
		- 고용효과	- 정규, 비정규 고용창출 - 간접고용 효과	- 고용승수
	생태학적(환경적) 파급효과		- 보존 - 공해 - 서식지 파괴	- 관찰 - 환경조사 - 지역민 조사 - 공청회 - 치안통계 - 소방통계
	사회문화적 파급효과		- 지역민 태도 - 유산 파괴 - 전통의 변화와 보전 - 쾌적성 손실과 획득 - 공중활동 - 미학적 변화	
	비용편익 파급효과		- 편익 대비 가시적 비용 - 가치에 대한 질적 평가	

〈표 10-7〉 문화관광축제 지자체 평가항목[124]

평가분야	평가항목
만족도	축제재미, 축제프로그램, 먹거리, 살거리, 사전홍보, 안내해설, 문화이해, 시설안전, 접근성 및 주차장, 재방문이나 및 추천의향
소비지출	교통비, 숙박비, 식음료비, 유흥비, 쇼핑비, 기타
일반사항	성별, 나이, 방문목적, 체류기간, 숙박, 재방문, 거주지

(4) 결과 보고

결과 보고는 보고를 요구하는 대상의 특성에 맞추어 문서화한다. 결과 보고에서 가장 먼저 고려할 내용은 이벤트의 개최목적이 무엇인지를 다시 한번 상기하는 것이다. 분석한 내용은 전체적으로 연결하여 하나의 그림으로 이해할 수 있도록 문서로 만드는 것이 좋다. 결과 보고는 결과의 설명과 보전이라는 두 가지 관점을 충족하도록 정리하고 차기 이벤트나 다른 이벤트의 개최에 유용한 자료로 활용할 수 있도록 한다.

(5) 확산 적용

마지막으로 확산 적용은 결과의 내용을 여러 이해관계자에게 보고하고 회의나 토의를 통해 결과를 수용할 수 있도록 한다. 그 과정에서 개선점이나 변경사항에 대한 시사점을 함께 도출한다. 그리고 새로운 기획과정에 반영함으로써 확산 적용을 마무리한다.

예를 들어 후원자들에게 후원의 결과를 충분히 설명하고 이해를 구하는 과정인 결과보고회나 성과보고회 또는 후원자의 밤 등을 마련하여 그들의 참여의식을 높임으로써 지속적인 후원을 끌어낼 수 있다. 그리고 긍정적 결과에 대한 대중적 홍보를 통해 해당 이벤트에 대한 호의적 태도를 형성할 수 있다.

1) Neufeldt, V. & Guralnik, B.(1994). *Webster New World Dictionary* 3rd College ed., Prentice Hall: NY.
2) 국립국어원 표준국어대사전 http://stdweb2.korean.go.kr/main.jsp
3) 이경모(2004). 이벤트학원론, 백산출판사.
4) Getz, D. & Page, J.(2016). *Event Studies; Theory, research and policy for planned events* 3rd ed., Routledge: NY, 230.
5) Schmitt(1999). 상게서
6) Getz, D. & Page, J.(2016). 상게서
7) Schmitt(1999). 상게서
8) Schmitt, B. H.(1999). *Experiential Marketing*, Free Press: NY.
9) Hover, M. & van Mierlo, J.(2006). *Imagine your event: imagineering for the event industry.* Unpublished manuscript. Breda University of Applied Science and NHTV Expertise, Netherlands: Event Management Centre.
10) Allen, J., O'Toole, W., McDonnell, I. & Harris R.(2011). *Festival And Special Event Management* 5th ed., Australia: John Wiley & Sons.
11) Getz, D. & Page, S. J.(2016). 상게서
12) 이경모(2004). 상게서
13) 세계박람회사무국 http://www.bie-paris.org
14) Roche, M.(2000). *Mega-events and modernity: Olympics and Expos in the Growth of Global Culture.* Routledge: London.
15) 상게서
16) Allen, J., O'Toole, W., McDonnell, I. & Harris R.(2011). 상게서
17) 이경모(2004). 상게서
18) 이경모(2004). 상게서
19) 박홍윤(2009). 전략적기획론. 대영문화사.
20) 김영석(2008). 이벤트기획요소 중요도 인식에 관한 연구. 경기대학교 석사학위논문.
21) Allen, J., O'Toole, W., McDonnell, I. & Harris R.(2011). 상게서
22) 한국표준정보망 http://www.kssn.net/
23) NPR(1997). Serving the American Public: Best Practices in Customer-Driven Strategic Planning, *Federal Benchmarking Consortium Study Report.*
24) Silvers, R., Bowdin, J., O'Toole, J. & Nelson, B.(2005). Towards an International Event Management Body of Knowledge (EMBOK), *Event Management* 9(4), 185-198.

25) Getz, D. & Page, J.(2016). 상게서

26) Goldblatt, J.(2005). *Special Event* 4th ed., John Wiley & Sons Inc: New Jersey.

27) Koontz, H. & O'Donnell, C.(1959). *Principles of Management: An Analysis of Managerial Functions*, McGraw-Hill: Lincoln.

28) Dunn, N.(1981). *Public Policy Analysis: An Introduction*, Prentice Hall: NJ. Getz, D. & Page, S. J.(2016). 상게서

29) Allen, J., O'Toole, W., McDonnell, I. & Harris R.(2011). 상게서

30) 이경모(2004). 상게서

31) 김영석(2008). 상게서

32) Silvers, R.(2013). Risk Management for Meeting and Event, Routledge: NY.

33) United Nations(1987). Report of the World Commission on Environment and Development: Our Common Future *in Report of the world Commission on Environment and Development*, General Assembly

34) 한국환경산업기술원 http://www.epd.or.kr/

35) WWF Korea(2016). 생태기금 한국본부 〉 캠페인 〉 생태발자국 줄이기 https://www.wwfkorea.or.kr/campaign/climate_energy/

36) 박홍윤(2009). 상게서

37) 박홍윤(2009). 상게서

38) Lipton, M.(1996). Demystifying the Development of an Organizational Vision, S*loan Management Review Reprint Series* 37(4), 82-92.

39) 박홍윤(2009). 상게서

40) 박홍윤(2009). 상게서

41) OAG(2010). Commissioner of the Environment and Sustainable Development Comments on the Draft Federal Sustainable Development Strategy. http://www.oag-bvg.gc.ca/internet/English/cesd_fs_e_33888.html

42) Osborn, F.(1953). *Applied imagination; principles and procedures of creative thinking*, Scribner: NY.

43) Nutt, C., & Backoff, W.(1992). *The strategic management of public and third sector organizations*. Jossey-Bass: San Francisco.

44) Efron, B.(1979). Bootstrap methods: Another look at the jackknife. *The Annals of Statistics*. 7(1), 1-26.

45) Rescher(1998). *Predicting the Future*, State University of New York Press: NY.

46) Project Management Institute(2013). A Guide To The Project Management Body Of Knowledge 5th ed., Project Management Institute, Inc.; Pennsylvania

47) Parkinson, C. N.(1955). Parkinson's Law, *The Economist* 19 November, London.

48) 채창병·배석주(2010). CCPM 기법을 이용한 자동차 부품개발 프로젝트의 일정수립에 관한 연구, 한국산업경영시스템학회 학술발표자료.

49) Burke, R.(1999). *Project Management: Planning and Control Techniques* 3rd ed., Chichester: John Wiley & Sons Ltd.

50) 이경모(2004). 상게서

51) Project Management Institute(2013). 상게서
52) IEG(2009). *IEG's guide to Corporate/Nonprofit Relationships*. https://archive.ama.org/archive/ResourceLibrary/documents/Corporate_Non-Profit_Relationship.pdf.
53) Getz, D.(1997). *Event Management & Event Tourism*, Cognizant Communication Co: NY.
54) Goldblatt, J. J.(2005). 상게서
55) 이경모(2004). 상게서
56) Meenaghan, A.(1983). Commercial sponsorship, *European Journal of Marketing* 7(7), 5-73.
57) Allen, J., O'Toole, W., McDonnell, I. & Harris R.(2011). 상게서
58) Harris, A.(1964). *Greek Athletes and Athletics*, Hutchinson: London.
   Allen, J., O'Toole, W., McDonnell, I. & Harris R.(2011). 상게서
59) 원춘림 · 유효뢰 · 주종미(2013). 2012런던올림픽 공식스폰서의 브랜드가치, 브랜드태도, 브랜드감정, 및 브랜드충성도의 구조적 관계, 한국스포츠산업 · 경영학회지 18(5), 61-74.
60) 이경모(2004). 상게서
61) Marshall, W. & Cook, G.(1992). The corporate(sports) sponsor, *International Journal of Advertising* 25(11), 307-324.

   Till, D. & Nowak, I.(2000). Toward effective use of cause-related marketing alliances, *Journal of Product & Brand Management* 9(7), 472-484.
62) 이경모(2004). 상게서
63) Porter, M.(1998). *Competitive advantage: Creating and sustaining superior performance*, Free Press: NY.
64) Kazmi, A.(2002). *Business policy and strategic management* 2nd ed., Tata McGrawHill Publishing Co. Ltd: New Delhi.
65) Stephen R., Mary C. & David D.(2014). *Fundamentals of Managemnt, Pearson: Essential Concepts and Applications* 10th ed., Pearson: London.
66) 주인중 · 서유정 · 장주희(2011). 직무분석 활용실태 및 분석기법 연구, 한국직업능력개발원.

   류현숙(2010). 중간관리자 이하 직무분석 활성화 방안 연구, 한국행정연구원.

   이환범 · 권용수(2007). 공공기관 조직 · 인력진단을 위한 직무분석의 적용방안. 한국인사행정학회보, 6(2), 247-262.

   박양규(2000). 직무분석 어떻게 하나, 계간 인사행정, 중앙인사위원회.
67) 상게서 4편
68) 주인중 · 서유정 · 장주희(2011). 상게서
69) Yoder, D.(1970). *Personnel Management and Industrial Relations*. 6th ed., Prentice-Hall: N.J.
70) Tuckman, B.(1965). Developmental sequence in small groups, *Psychological Bulletin* 63(6), 384-399.

   _____ & Jensen, C.(1977). Stages of Small Group Development Revisited. *Group and Organizational Studies*, 2, 419-427.
71) Tuckman, B.(1965). 상게서

Wheelan, S.(2010). *Creating Effective Teams* 3rd ed., Sage Publications: CA.

72) Maslow, H.(1943). A Theory of Human Motivation. Psychological Review, 50(4), 370-96.

_____(1954). *Motivation and Personality.* Harper and Row: NY.

_____(1970). *Religions, Values, and Peak Experiences.* Penguin: NY. (Original work published 1964)

73) Alderfer, P.(1969). An Empirical Test of a New Theory of Human Needs, *Organizational Behavior & Human Performance* 4(2), 142-175.

74) McClelland, D.(1961). *The Achieving Society*, Princeton: N.J.

75) Herzberg, F.(1968). *One More Time: How Do You Motivate Employees*, Harvard Business Review, 46(1), 53-62.

76) McGregor, M.(1960). *The Human Side of Enterprise.* McGraw-Hill: NY.

77) Lundstedt, S.(1972). Consequences of Reductionism In Organization Theory, *Public Administration Review* 32(4), 328-333.

Lawless, D.(1972). *Effective management: social psychological approach*, Prentice-Hall: NJ.

Ouchi, W.(1981). *Theory Z*, Avon Books: NY.

78) Vroom, V.(1964). Work and motivation. Wiley: NY.

79) Adams, S.(1963). Toward An Understanding Of Inequity. *Journal of Abnormal And Social Psychology*, 67, 422-436.

80) French, J. and Raven, B.(1959). The Bases of Social Power, *Studies in Social Power*, Cartwright, D. Ed., MI: Institute for Social Research, 150-167.

81) Raven, H.(1965). Social Influence and Power, *Current Studies in Social Psychology,* Steiner, I.D. & Fishbein, M. Ed., Holt, Rinehart, Winston: NY, 371-382.

82) Bass, M., Stogdill, M.(1990). *Bass & Stogdill's Handbook of Leadership*, Free Press: NY.

83) Tscheulin, D.(1973). Leader Behavior Measurement in German Industry, *Journal of Applied Psychology*, 57(1), 28-31.

84) House, J.(1996). Path-Goal Theory of Leadership: Lessons, Legacy, and a Reformulated Theory, *The Leadership Quarterly* 7(3), 323-352.

85) Vroom, H., Yetton W.(1973). *Leadership and Decision-Making*, University of Pittsburgh Press.

86) Thomas, W.(1992). Conflict and Conflict Management: Reflections and Update, *Journal of Organizational Behavior*, 13, 265-274.

87) Jehn, A.(1997). A Qualitative Analysis of Conflict Types and Dimensions in Organizational Groups, *Administrative Science Quarterly*, 42, 530-533.

88) Robbins S. P. & Judge, A.(2013). *Organizational Behavior* 15th ed., Pearson: Boston.

89) Robbins, P.(2003). *The Truth About Managing People: And Nothing But the Truth*, Financial Times/Prentice Hall: NJ.

90) Robbins P. & Judge, A.(2013). 상게서

91) Glomb, M. & Liao, H.(2003). Interpersonal Aggression in Work Groups: Social Influence, Reciprocal, and Individual Effects, *Academy of Management Journal* 46(4), 486-496.

92) Thomas, W.(1992). Conflict and Negotiation Processes in Organizations, *Handbook of Industrial and Organizational Psychology* 2nd, Dunnette, M. D. & Hough, L. M. Ed., Consulting Psychologists Press: CA, 651-717.

93) Miles, S.(2012). Stakeholders: essentially contested or just confused?, *Journal of Business Ethics* 108(3), 285-298.

94) Mitchell, K., Agle, R. & Wood, J.(1997). Toward a Theory of Stakeholder Identification and Salience: Defining the Principle of Whoand What Really Counts, *The Academy of Management Review* 22(4), 853-886.

95) Donaldson, T. & Preston, E.(1995). The Stakeholder Theory of the Corporation: Concepts, Evidence, and Implications, *Academy of Management Review* 20(1), 70-71.

96) Getz, D.(2007). 상게서

97) Nash, F.(1950). The Bargaining Problem, *Econometrica* 18(2), 155-162.

98) Pareto, V.(1896). *Cours d' Économie Politique*, Tome Premier: Lausanne.

99) Emerson, R.(1962). Power-Dependence Relations, *American Sociological Review* 27, 32-34.

100) Mintzberg, H.(1983). *Power In and Around Organizations*, Prentice-Hall: NJ, 24.

101) 고영복(2000). 사회학사전, 사회문화연구소.

102) Knoke, D. & Kuklinski, H.(1982). *Network Analysis*, SAGE Publications:Beverly Hills Calif.

103) 아카데미아리서치(2002). 21세기 정치학대사전, 정치학대사전편찬위원회.

104) Milgram, S.(1967). The Small World Problem, *Psychology Today* 1(1), 61-67.

105) Walton, R. & McKersie, R.(1965). *A Behavioral Theory of Labor Negotiations*, McGraw-Hill: NY.

106) Association for Project Management(2017). APM Knowledge Stakeholder management. https://www.apm.org.uk/body-of-knowledge/delivery/integrative-management/stakeholder-management/

107) Mendelow, A.(1991). Stakeholder Mapping, *Proceedings of the 2nd International Conference on Information Systems*, Cambridge, MA.

108) Martirosyan, E. & Vashakmadze, T.(2014). SUN Cube: A New Stakeholder Management System for the Post-Merger Integration Process, *Zagreb International Review of Economics & Business* 17(1), 1-13.

109) Murray-Webster, R. & Simon, P.(2006). Making Sense of Stakeholder Mapping, *PM World Today Tips and Techniques* 8(11), Connecting the World of Project Management, 1-5.

110) Bourn, L.(2005). *Project Relationship And The Stakeholder Circle^{TM}*, RMIT University.

111) Smith, J.(1994). *Strategic Management and Planning in the Public Sector*, Longman: London.

112) Allen, J., O'Toole, W., McDonnell, I. & Harris R.(2011). *Festival And Special Event Management* 5th ed., Australia: John Wiley & Sons, 127.

113) Pine II, J. & Gilmore, H.(1998). Welcome to the Experience Economy, *Harvard Business Review*, 97-105.

Kotler, P., Bowen, J. & Makens, J.(2017). *Marketing for Hospitality and Tourism* 7th ed., Pearson Educational Inc.: NJ.

_____, Kartajaya, H. & Setiawan, I.(2017). *Marketing 4.0: Moving from Traditional to Digital*, John Wiley & Sons Inc.: NJ.

114) 황민우(2007). 반드시 통과되는 마케팅 보고서, 마젤란.

115) Vaughn, R.(1980). How Advertising Works: A Planning Model, *Journal of Advertising Research*, 20(5).

116) 이경모(2004). 상게서

117) Silvers, R., Bowdin, J., O'Toole, J. & Nelson, B.(2005). 상게서

118) Silvers R.(2013). 상게서

119) Petty, R., & Cacioppo, J.(1986). *Communication and persuasion: Central and peripheral routes to attitude change*, Springer-Verlag: NY.

120) 나은영(2002). 인간 커뮤니케이션과 미디어. 한나래.

121) 具辻正利(2016). 다중운집 리스크와 이벤트 안전계획 (박남권, 김태환, 윤명오 역), 도서출판 진영사

122) Allen, J., O'Toole, W., McDonnell, I. & Harris R.(2011). 상게서

123) Getz, D.(1997). *Event Management & Event tourism*, NY: Cognizant Communication Co. 이경모(2004). 상게서

124) 문화체육관광부(2019). 2018 문화관광축제 종합평가보고서.

저자소개

김영석

현재 한국영상대학교 문화이벤트연출학과 겸임교수이고
경기대학교 원격교육원 교수로 관광자행동론을 담당하고 있으며
(사)관광산업연구원과 지역관광컨벤션연구소에서 연구책임자로 활동하고 있음
경기대학교에서 이벤트국제회의학 전공으로 관광학 박사 학위를 취득함
가톨릭관동대학교와 강원관광대학교에서 교수로 재직하였고
경기대학교, 동국대학교, 우석대학교 외 여러 대학에서 이벤트학 강의를 하였음
창원문화재단, PIAF, 부천국제만화축제, 수원 광복 70주년 7,000인 시민대합창 등에서
축제감독, 사무국장을 역임하였으며 이벤트그룹거인, 이벤트프로, 라스트커뮤니케이션,
광개토엔터프라이즈 등에서 기획연출과 관리책임자로 근무하였음
'이벤트산업과 윤리경영' 외 10여 편의 논문을 발표하였고
'예천세계활축제 평가', '행사서비스 단체표준 제정' 등
수십 건의 연구를 수행하고 보고서를 발간하였음

저자와의
합의하에
인지첩부
생략

이벤트기획

2021년 5월 15일 초판 1쇄 발행
2023년 1월 10일 초판 2쇄 발행

지은이 김영석
펴낸이 진욱상
펴낸곳 (주)백산출판사
교 정 박시내
본문디자인 오행복
표지디자인 오정은

등 록 2017년 5월 29일 제406-2017-000058호
주 소 경기도 파주시 회동길 370(백산빌딩 3층)
전 화 02-914-1621(代)
팩 스 031-955-9911
이메일 edit@ibaeksan.kr
홈페이지 www.ibaeksan.kr

ISBN 979-11-6567-317-8 93980
값 20,000원